物理教学中问题设置的实践探究

王汉雄 ● 主编

图书在版编目（C I P）数据

物理教学中问题设置的实践探究 / 王汉雄主编. --
兰州 : 兰州大学出版社, 2023.9
ISBN 978-7-311-06528-7

Ⅰ. ①物… Ⅱ. ①王… Ⅲ. ①中学物理课一教学研究
一高中 Ⅳ. ①G633.72

中国国家版本馆CIP数据核字(2023)第144841号

责任编辑 佟玉梅
封面设计 汪如祥

书　　名 物理教学中问题设置的实践探究
作　　者 王汉雄 主编
出版发行 兰州大学出版社 (地址:兰州市天水南路222号 730000)
电　　话 0931-8912613(总编办公室) 0931-8617156(营销中心)
网　　址 http://press.lzu.edu.cn
电子信箱 press@lzu.edu.cn
印　　刷 西安日报社印务中心
开　　本 787 mm×1092 mm 1/16
印　　张 9.75
字　　数 200千
版　　次 2023年9月第1版
印　　次 2023年9月第1次印刷
书　　号 ISBN 978-7-311-06528-7
定　　价 36.00元

前　言

新课程标准明确指出，高中物理教学需要转变过去单向传输的教学倾向，引导学生自主展开学习探究、合作交流，从而不断强化学生自主学习的意识和能力。

问题教学是指将问题作为教学中心，通过有效的课堂提问来促使学生展开自主深入探究，进而掌握知识本质与规律的教学方法，这恰好符合新课程标准的要求。作为高中物理教师，我们必须顺应时代发展和课程改革的趋势，树立全新的教学观念和思想，及时转换课堂教学手段与方法，真正实现问题教学在物理课堂中的实践与应用。问题通常是基础知识的载体，是学生思维的启发点和活跃点，问题设置在课堂教学中能够充分发挥问题的作用，实现师生之间良性的沟通和互动，从而有效培养学生的问题意识和解决问题的能力。因此，如何在高中物理课堂中实施问题教学，就成为当前每位高中物理教师所面临的重要课题。

本书从高中物理问题式教学中设问的策略与方法、创设有效设问的策略与方法、课堂教学中的设问示例等方面出发，系统地分析和论述高中物理课堂中问题教学设计实践的具体方法和途径，目的是为一线的高中物理教师提供有益的教学参考。

影响问题设置的因素很多，涉及的知识面又宽，编者虽付出了许多艰辛的劳动，力求至善，但由于水平有限，不足之处在所难免，敬请读者批评指正。

编者

2023年1月

目 录

第一章 概 述

一、问题设置研究的意义

问题设置是指设问或设计问题。本研究中的“问题设置”是指在学校课堂教学中，教师依据教学内容和学生的学习状况，为推进学习进程，明确学习的重点和要点，提高学生综合素养和能力，高效、全面地实现课堂教学目标而设置各种问题。张楚廷先生说：“教学，从根本上说，是思考着的教师引导学生思考，又让思考着的学生促动教师思考，而在这一过程中，问题是最好的营养剂，教师的思考、问题意识起着主导作用。”设问作为一种重要的课堂教学手段和方法，可以运用于各种课堂教学模式、方法和教学的各个环节之中，因而它同时也成为课堂教学的有机组成部分。

1.有利于教师切实重视和提高课堂设问的能力

在课堂教学实践中，尽管有不少教师在教学中使用设问的教学方法，但往往停留于习惯、经验的层面，疏于系统深入地研究，导致教师问题设置的能力、水平不高，问题设置失当的情况屡有发生，俯拾皆是。例如，有时问题设置空泛，学生无从答起；有时问题设置过于简单，不能激发学生积极思考；有时问题设置过难，让学生产生畏难情绪，不能很好地投入学习中，让问题设置失去意义。因此，如何科学地、规范地设置问题，切实提高教师的设问能力，发挥课堂设问的最大教学功能和效益，是教师必须引起足够重视的关键问题。开展对高中物理课堂教学中设问的全面深入探讨，不仅有利于引起教师对问题设置的高度重视，改进设问，而且对其他学科教师也具有重要的启发意义和借鉴作用，有利于在更多学科、领域内发挥设问的作用，共同推进课堂教学方法的创新，提高各科教学的质量。

2.有利于建构主义等先进教育理论更好地应用于课堂教学实践

建构主义理论对高中物理教学有着重要的指导作用，要把这种作用充分地发挥和体现出来，要求教师对教育理论的学习不能仅停留在表层的认知水平上，而是要真正理解、吸收和借鉴教育理论的实质和精华，并将其应用、贯穿于具体的课堂教育教学实践之中。对高中物理课堂教学中的设问进行充分的研究，能够为建构主义等先进教育理论应用于实践提供易于入手、便于深入的切入点。以课堂教学中的问题设置研究为基点，在教学的每一个环节中，展开对理论应用具体方法的实践和研究，切实将教育理论和教学实践融为一体，使得物理教学成为生成、建构的过程，有利于真正发挥理论对课堂教学实践的指导作用，同时将建构主义等先进教学理论在高中物理教学这一具体的学科领域中予以特殊的应用、丰富和发展。

3.有利于落实新课程改革（简称新课改）的教学理念，为开展课堂教学创新开辟有效途径

在高中物理课堂教学中，体现新课改的教学理念，进行教学创新，不能成为一句时髦的口号，也不应成为教师交流、培训中的空泛谈资，而应该成为教师实实在在的日常行动和教师课堂的丰富实践。当然，知易行难，真正开展教学实践创新，绝非一项随意简单、轻而易举的工作。教师在多年的课堂教学过程中形成的惯性，教学进度和升学考试的压力，教学条件和学生认知水平形成的局限，理想信念与教育现实现状之间的差距等，都会成为不可忽视的制约因素。化解这些困难和阻力，要求教师要切实克服浮躁心理，强化实践、创新意识，深入钻研，潜心研究，在日常课堂教学实践中寻求创新的源泉和灵感，以及路径和方法。课堂教学过程本质上是一个不断地发现问题、提出问题、解决问题的过程。在这个过程中，如能切实有效地发挥问题设置在教学中的引导、推进、启发等作用，对于课堂教学过程和方法的优化，以及学生情感、态度和价值观的培育无疑会产生积极的促进作用，客观上必将引起教师教育教学思想的变革，促进课堂教学模式、行为的优化和创新，从而使得新课改理念在高中物理学科课堂教学中得以具体落实。

4.有利于寻找一条提高教师教学能力，有效培养学生能力的务实途径

新课改对提高教师的教学能力提出了更高要求，有关教育部门和学校也采取了不少措施，广大教师也在教学实践中尝试着许多的方法和途径。但是，总体上看，目前一般性的倡导和泛泛的研究多，可借鉴、易操作、能实践且管用的具体办法少，效果并不十

分明显。因此，从提高和培养教师在课堂教学中的设问能力入手，不失为一条值得探讨的路径。教学中离不开问题，教师在每一部分、每一环节的学习中设置的问题，反映了教师对教材理解的深度和广度，反映了教师驾驭教材的能力、整合教材的能力和开发课程资源的能力；同时，也能体现出教师对学情的了解，对学生在学习中可能遇到的困难的充分了解等。因而，加强高中物理课堂教学中设问的学习和研究，对切实提高教师教学能力和方法具有重要的意义。能否科学而恰当地进行课堂问题设置，充分发挥教学设问的重要作用，也可视作考量一个教师教学能力的重要指标之一。

在高中物理教学中，如何达到以能力为重，知识学习和能力的培养有机统一、相互促进的教育效果，是长期以来困扰教师的一个重要理论课题和实践难题。不少教师虽然思想上意识到能力培养的重要性、必要性，但在教学实践中，许多教师的教学行为依然倾向于知识的传授，而在学生能力的培养方面缺少有效的思路、可行的举措和手段，一些教师甚至迫于高考升学率等现实压力，往往采用着简单灌输、死记硬背、机械操练等一些方法应付考试，追求短期效果的教学方法，极大地遏制了学生的学习兴趣，妨碍了学生思维能力、实践应用能力的发展和素质的全面提高。究其认识根源，主要是在如何实现知识的传授与对学生能力的培养有机结合上，深入系统的研究不够，没有形成一种具体可行的科学方法。由于没有具体可实施的方法和途径，一些本身很好的教学思想实际上只是停留于纯理论层面的“空想”，久而久之，甚至对先进的教学思想本身也产生了怀疑和动摇。

通过课堂中的问题设问，可以给学生提供思考的时间和空间，调动学生发现问题的强烈意识和敏锐眼光，培养学生对问题的认知能力和思考能力，锻炼学生解决问题的基本思路和方法，可深层次、多方面发展学生的能力。因此，对高中物理教学中问题设置的精心研究，努力完善问题设置的方法和艺术，都有利于协调课堂教学中传授知识和培养学生能力的关系。课堂中的问题设问不仅有助于提高教师的课堂执教能力，也为探索提高学生能力的有效路径和方法提供新的思考和借鉴。

总之，设问作为一种重要的课堂教学方法，能够为教学中教师的主导作用和学生的主体地位的有机结合找到一条现实、有效的途径，有利于将物理新课改的先进教育理念切实贯彻落实于日常性的课堂教学活动之中。就发挥教师主导作用而言，在课堂教学的每个重要环节，设问都能发挥独特的作用。新课的引入，重点和难点知识的突出和突破，对所教知识进行总结和推广、应用，都可以通过问题的设置、引导而更好地完成。教师高质量的课堂设问，可以帮助学生认知重点知识，理解难点问题；同时，又能对学生的思维起到牵引、调控、激活的作用，帮助学生学习科学探究的基本方法，促进学生物理思维的发展和科学方法的形成和掌握，更好地达成教学目标，提高课堂教学效率。对于学生而言，课堂教学中富有启发性、引导性的设问能使他们明确学习知识的思路和方法，学会分解难点，由表及里、由浅入深，逐层抵近知识、问题的内核和本质，活化、深化对知识的理解和应用。在解决问题的过程中，学生通过动脑、动口和动手，能够更为具体、深刻、全面地理解、体悟知识的生成和发展过程，能够持续强化问题意识，训练思维的逻辑性、系统性、灵活性，提高独立思考能力、科学探究能力、语言表达能力和应变能力；同时，在问题思考、交流的过程中，可以逐步养成学生之间、师生之间相互倾听、分享、合作探究的习惯和意识，对实现课堂教学的核心素养发挥积极作用。

物理课堂教学既是一门科学，也是一门艺术。物理教学过程是物理信息的传输过程，也是师生感情的交流过程。科学有效地进行问题设计和处理，既是推进教学过程，实现核心素养的重要方法，也是师生双边活动的重要纽带，能够成为激发学生热情、兴趣、促进思想交流的一种有效方式。机智、巧妙、富有创意和趣味的设问能有效唤醒学生潜在的问题意识，引发学生的认知冲突，活跃课堂气氛，从而激发学生的好奇心和求知欲，以及追问、思考的动力和热情，使得师生双边活动能够紧紧围绕教育教学的内容和问题，更富有实质性的探讨、合作、分享、互动、交流等，也可以更好地调动、展现、发挥非智力因素在课堂教学和学习过程中所特有的维持、调控、深化和推动作用，紧扣核心问题，逐层深入。具有启发性、开放性的设问，有助于形成一种师生民主平等、学生主动参与、多元互动的建构型和研究型课堂文化，构建优质高效的课堂，促进课堂教学的和谐、持续和创新发展。因此，课堂问题设置研究应该成为教师认真研究的一个重要课题。

二、问题设置研究的理论依据

1.建构主义理论

建构主义是一种关于知识和学习的理论，强调学习者的主动性，认为学习是学习者基于原有知识经验的生成意义、建构理解的过程，而这一过程通常是在社会文化互动中完成的。建构主义的提出有着深刻的思想渊源，它具有迥异于传统的学习理论和教学思想，对课堂教学设计具有重要的指导价值。建构主义强调学习者在进入学习情境时，在日常生活和以往各种形式的学习中，已经形成了有关的知识经验，对任何事情都有自己的看法。即使有些问题他们从来没有接触过，没有现成的经验可以借鉴，当问题呈现在他们面前时，他们还是会基于以往的经验，依靠自身的认知能力，形成对问题的解释，提出假设和猜测。因而，在课堂教学中，教师应该重视学生自己对各种现象的理解，倾听他们的想法，思考他们这些想法的由来，并以此为据，引导学生丰富或调整自己的解释。在建构主义提出的学生观中，有这样的思想："教学不是知识的传递，而是知识的处理和转换"。本研究以建构主义为理论基础，将理论与课堂教学实践有机结合，在高中物理教学中以问题促进课堂教学，以问题引导学生学习进行深入和全面的研究，并在此基础上，对高中物理的教学分类型、分阶段，针对不同内容给出大量有效实用的设问示例。

2.新课改理念

新课改包含课程内容、结构和要求的重大变革，也对课堂教学方式、学习方式提出了一系列新要求。新课改的教学理念，明确了课堂教学不仅仅是传授知识、传授技能，更重要的是要让学生转变学习方式，掌握科学的学习方法，形成主动学习，自我提高的能力，具备终身学习的能力，要促使学生核心素养方面得到全面、协调的发展。因此，新课程理念下的高中物理课堂教学，教师的教学行为需改进，学生的学习方式也要发生改变，这也是落实新课改理念的突破口。在课堂教学中，我们要树立新的教学观、新的课程观，全面提高学生的综合素养，充分关注每一位学生的全面发展。教师要创造性地使用现有教材，让学生在学习的过程中，充分发展思维能力、实践能力和创新能力。本研究以新课改理念为指导，力图通过问题设置的研究和改善，努力转变教学方式和学生学习方式，把学生能力的提高以及情感和价值观的引导、养成等渗透到课堂教学中，全面、有效地践行新课改的理念。

3.双主体的课程观

在高中物理教学中，要更好地体现和实施新课改理念，教师的教学思想和教学策略起到重要作用。能否辩证地处理教师和学生的关系，直接影响到每一堂课的设计，每一个教学环节的处理。在课堂教学中，教师和学生同为课程的主体，教师对课程的质量负责，是学生学习的促进者和引导者；而在课程实施的过程中，教学活动应以学生的学习为中心，突出学生在学习中的主体地位。只有教师的主导地位、学生的主体地位得到有机结合，才能更好地完成课堂教学和学习任务。通过课堂问题引导教学，是辩证处理教师的"教"和学生的"学"之间关系的重要方法和途径。因此，课堂教学设问环节要引起教师足够的重视。通过设问，要将教师的角色由"教"转向"导"，由"讲"转为"引"。一方面，设问要不断激发学生学习物理的兴趣，精心指导学生进行自主学习和探究性学习，促进学生学习方式的转变和学习能力的提高。另一方面，教师在课堂设问的过程中，要经常反思自己的教学活动，通过设问，发现教学中存在的问题，及时开展教学研究，不断改进教学方法；同时，教师应从教材和学生两个方面认真思考和探究有效的课堂设问，钻研设问的策略、方法和技巧，不断提高自己的教学能力和教学水平。

总之，本研究基于现代教育教学理论，以新的课程观、教学观和师生观为引领，力图将理论研究、专题研究和实践研究相结合，对高中物理问题式教学中设问这一重要环节，做出理性的思考和科学的回答，从而努力提高教师的课堂教学水平，不断发展学生的学习能力，充分挖掘学生潜在的创新能力，全面提高学生的学科素养和人文素养。

三、问题设置研究的目标

1.总体目标

教师要探索高中物理课堂教学中设问的策略与方法，通过灵活有效的设问，教师能够创造性地使用教材，更好地完成教学任务；通过恰当贴切的设问，创设学习情境，把学生原有的知识经验作为新知识的生长点，引导学生从原有的知识经验中生长出新的知识经验；通过启发性的设问，能够引导教师与学生在课堂教学中进行良好的对话与交流，让课堂成为师生共同探索、共同进步的学习平台；通过有针对性的设问，帮助学生完成难点知识的学习，掌握核心问题、核心方法；通过开放性的设问，学生能够在高中物理的学习中，认真思考，不断深入探究，将所学物理知识主动应用于生活的方方面面，开阔眼界，关注生产实践和日常生活中的物理。

2.具体目标

（1）设计以问题为本的课堂教学，使学生的学习能力和思维能力得到更快发展，学生的学习潜力得到相应开发。

（2）研究影响教学设问的因素，研究高中物理课堂教学中设问的基本策略与方法。

（3）研究针对不同的课堂学习任务，不同的知识特点，不同的教学环节等的设问策略与方法。

（4）研究在课堂教学中如何结合学生的实践体验提出好的问题，提高问题的效度，创设有效的设问。

（5）通过课堂教学实验，对设问的策略与方法进行对比分析，总结出最优、最适合学生的设问方法。

（6）结合课堂教学经验，对《物理必修1》（人教版）典型课例等举出设问示例，并在实际课堂教学过程中进行分析对比，不断改进、提高。

四、问题设置研究的内容

重视课堂设问，研究设问的方法，提高设问的艺术，是优化课堂教学的突破口。设问是培养学生问题意识、探究意识、创造思维的重要手段，也是课堂教学中的关键环节。在高中物理课堂教学中，研究设问的方法有重要意义。如何更好地设计和完成课堂教学的重要环节，例如，引入部分的设问，突出重点、突破难点的设问，课后反思的设问等；如何针对物理概念的教学、物理规律的教学、物理实验的教学等不同课型进行有效设问；如何通过课堂教学实践不断分析、总结、改进设问的方法和内容，更好地结合学生的实际需要进行设问等，是本研究的基本内容。

具体内容如下：

（1）通过对比课堂教学实验，研究高中物理课堂设问的重要作用和意义，探讨高中物理问题式教学中设问的策略和方法。

（2）高中物理问题式教学中设问的策略与方法：

①影响设问策略与方法的因素分析。

②设问的基本策略与方法。

③针对不同学习任务的设问策略与方法。

④针对不同知识特点的设问策略与方法。

⑤针对课堂教学基本环节的设问策略与方法。

（3）创设“有效设问”的策略与方法：

①对有效设问的认识。

②创设有效设问对教师能力要求的分析与研究。

③设问过程中对学生的角色定位与分析。

④对高中物理课堂教学问题设置的思路与方法的探索。

（4）高中物理教学中的设问示例：

①不同教学内容课的设问示例。

②《物理必修1》（人教版）教学内容的设问示例。

③课堂设问实录。对于《物理必修1》（人教版）的教学进行了认真的研究。《物理必修1》（人教版），主要是关于物体的运动和力的学习。这部分的学习内容，对于学生在高中阶段的物理学习非常重要，相关的规律抽象复杂，也是教学和学习中的难点。《物理必修1》（人教版）的学习内容，对于教师的教学和学生的学习都是有难度的。怎样才能顺利完成这些教学和学习的任务呢？教师在对课本充分研读和探究的基础上，结合实

际的课堂教学经验和感悟，对教材每一节的学习从“教学引入，新课学习，回顾反思”三个方面给出了详细的设问示例，通过这些示例进行了全面分析。对于教师的教学，这些设问提供了思路，提供了重点、难点的把握和突破的方法。对于学生的学习，这些设问指导学生了解应掌握的知识点，对知识的理解应达到的程度。以这些设问为线索，对教学和学习都是很有帮助的。

④在高中物理的不同课型、不同教学环节中提供设问的方法和案例：在高中物理的教学中，不同课型、不同教学环节以及设问的入手点、侧重点都是不同的。本研究对于高中物理课堂教学中的物理概念、物理原理和规律、物理实验等教学内容，以及课堂教学中的引入、重难点的突破、课堂小结等不同的环节，从设问的方法，注意事项，具体案例这些角度进行探讨；同时，收集、汇总了多位一线教师的优秀教学案例，并对这些案例进行了补充完善。这些来自课堂教学实践的第一手材料，经过课堂教学实践的检验，教学效果良好。通过进一步完善和提高这些教学实践材料，对高中物理教学更具有指导性和参考价值，能够起到很好的促进作用。

（5）高中物理课堂教学中由“设问”转化为“引问”的方法探索。

五、问题设置研究的重点和难点

1.重点

（1）探索高中物理问题式课堂教学中通过设问创设学习情境的方法和途径。以问题激发学生学习的热情，引发学生学习的动机，形成探索知识的动力，使学生以良好的状态进入学习。

（2）探索高中物理问题式课堂教学中通过设问将教学内容问题化，充分发挥设问在课堂教学过程中的重要作用。通过问题，引导师生互动，生生互动，学生的主体地位和教师的主导作用就会得到更好的结合和体现。

（3）探索高中物理问题式课堂教学中通过设问培养学生问题意识的方法和途径。在学习中，促使学生善于发现问题，勇于提出问题，积极解决问题，勤于思考和探索，更好地完成高中物理的学习。

（4）探索高中物理问题式课堂教学中通过设问启发和引导学生进行知识应用以及课后思考的方法和途径。采用设疑的方式，使学生将所学知识与生活和生产相联系，关注知识的深化和内化，从而对所学知识有更加深入和全面的认知。

（5）通过教学实践研究，对高中物理课堂教学的不同教学环节、不同课型等举出设

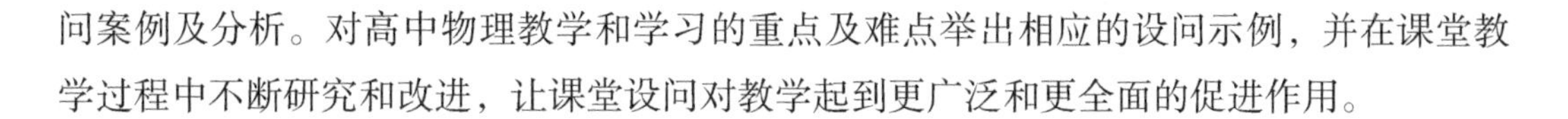

问案例及分析。对高中物理教学和学习的重点及难点举出相应的设问示例，并在课堂教学过程中不断研究和改进，让课堂设问对教学起到更广泛和更全面的促进作用。

2.难点

（1）在高中物理课堂教学中，设计以问题为本的教学思路与方法。研究怎样能够通过问题教学，让学生的思维能力不断得到发展，能够在学习过程中主动学习，积极思考；怎样通过教学设问，促进学生的潜能得到开发，学生的能力在学习中得到更充分的提高。

（2）在高中物理课堂的教学中，设计更好的基本性问题、细节性问题、升华性问题，并处理好它们之间关系的方法和途径。研究怎样能够充分运用教师的教学实践经验，在充分了解学生的学习能力和知识结构的基础上，提出能够积极推动教学进程，促进学生全面发展的教学设问。

（3）教学实验研究设计和开展的方法探讨。探讨怎样通过合理、科学的教学实验研究，对高中物理课堂教学中设问的方法和策略进行对比分析；探讨怎样在教学研究的基础上，对教学中的设问进行全面和深入思考，从而对课堂教学能起到一定的指导作用，使课堂教学研究更具有实践意义。

六、问题设置研究的思路和原则

1.重视科学理论的指导作用

在研究过程中，重视理论对研究的指导作用。始终坚持学习和借鉴现代教学理论，特别要注重对建构主义理论和课程改革的新思想、新理念的学习和研读。通过深刻理解相关理论的内涵和意义，为研究工作奠定良好的理论基础，确保研究的方向和目标定位具有科学理论的深厚支撑；同时，要将相关理论的学习、研究与高中物理的课堂教学实践紧密结合，用理论学习引领研究工作的路线、进程，指导课堂教学实践的创新、进步，推进问题设置的方法和艺术的探索、深入。

2.重视对教师经验的总结提炼

开展课堂教学设问活动，是广大教师普遍使用、司空见惯的一种教学方法，在各种类型的教学模式中都有不同程度的应用。因此教师在使用设问中形成的经验、教训都极其丰富，为开展研究工作提供了足够充分的实践资源。教师对课堂教学实践经验做出全面的梳理、总结、反思是十分必要的。依据相关教师对教材的应用体验以及学生可能在学习中遇到的困难的充分了解，结合从其他教师和教学平台学习的方法和思路，对高中物理的教学从不同的角度做出教学设问的示例。特别是对《物理必修1》（人教版）的每节内容要从“教学引入，新课学习，回顾与反思”三个方面做出具体的设问示例，充分认识教学实践设问的重要性，发挥设问在高中物理课堂教学和学习中的作用。在本研究中，要对设问不断探究，不断改进和提高。

3.重视研究方案的整体设计

在研究过程中，通过认真思考和反复研讨，遵循教育科研的基本规律、方法和要求，对研究的目标、内容、重点、难点、步骤、方法等进行系统、周密的设计和部署。研究目标是整个研究的脊柱、核心和灵魂，规范制约着研究的各个环节，因此必须审慎地确立研究的目标。在合理确定研究目标的基础上，围绕实现研究目标，设定、细化研究工作的方案、步骤，使得研究方案的各个环节密切联系，有机统一。

4.重视研究过程中的反思调整

研究过程中的反思调整既要坚持研究初始设计的严肃性、稳定性和一贯性，又要尊重研究、实践过程的不确定性，坚持立足课堂教学实践，着眼实现研究目标，边实践边研究。根据实践过程中的新变化、新动向、新发现，及时反思，不断调整、补充、修正研究的方案和方法，使得教学和研究在动态推进的全过程之中，始终相辅相成，相互促进。

5.坚持聚焦课堂教学中的实际问题

研究是为了在高中物理课堂的教学中，能够针对学生在学习中的实际困难和需要，合理运用教学设问，以较好的教学切入点和思路引导学生的学习，能够较为顺利地完成高中物理中难点和重点问题的教学和学习。因而，要针对教材，针对学情，针对新课程理念的实施进行研究，围绕教学活动进行研究，避免研究的目标和内容脱离课堂教学实际，努力避免空泛研究，重视研究的实效性和可操作性。

6.坚持理论研究和课堂教学工作相互促进

在研究过程中，不断发展教师的课堂教学能力和学生的思维能力。通过课堂教学过程的改进和提高，促进研究工作更加全面和深入，最大限度地挖掘课堂教学双方的潜能，以期教师的教学能力和研究能力以及学生的学习能力都能得到提高。

七、问题设置研究的过程和方法

本研究成果的形成是一个长期积累的过程。在长期的课堂教学实践中，笔者发现，日常进行的课堂教学设问对课堂教学的过程和成效都有着重要影响，从而导致教学效果存在巨大的差异。因此，自高中新课改以来，笔者把设问作为落实新课改理念的突破口，在充分学习和理解现代教育教学思想和理念的基础上，借鉴、总结和吸收同行教师课堂教学设问中的经验和教训，开展对问题式教学等相关研究文献的系统梳理和总结，以及专项实验。本研究是以行动研究为基本方法，边研究边实践，边反思边改进，综合运用实验研究、文献研究、案例研究、教学示例分析等方法而开展的，研究涉及的教学内容、具体范围、观点和结论也是在这样的过程中得以不断深化、逐步系统完善的。

1.行动研究

本研究重在解决高中物理课堂教学层面的具体问题，具有实践性、针对性突出的本质属性。研究工作自始至终也是在笔者的物理课堂教学过程中同时进行的，研究结论既是独立开展理论、学术研究的成果，又是在平时课堂教学过程中长期积淀和不断验证、反复修正中形成的经验、认识和观点。因此，在行动中研究，又在研究中行动成为本研究的主要模式和基本特征。

2.文献研究法

研读文献，针对国内外优秀课堂教学方法以及相关教育理论做出分析、借鉴，落实在笔者教学和研究过程中，不断调整改进教学和研究工作，形成良好的教育教学理念。

3.教学实验研究

开展课堂教学实验研究，分析对比课堂教学实验中所得数据，对研究内容有明确的认识。边实验边研究边改进，在具体的课堂教学实践活动中，要对研究工作不断深入探究，精心总结，逐步完善。

4.案例研究

高中物理课堂教学中的设问，结合相关教师多年的教学经验与心得，在教学实验过程中要加以分析、总结和应用；同时，对于不同课堂教学环节中的设问，对于重点和难点知识学习中的设问，对于不同教学内容的设问等，进行了大量的案例研究。通过对比分析，力求找出更好的设问方式和方法。

5.课堂教学示例分析

在研究中结合教育理论，通过经典案例分析，探讨和寻求适合的课堂教学方法和途径。在此基础上，将高中物理教学中的设问进行细节化和具体化，对学习中的难点问题，以教材为依据，举出大量翔实的设问示例。通过这些设问示例，努力使研究有利于教师的教学推进，有助于学生对于知识体系更深入地理解和掌握，对于高中物理的课堂教学和学习具有引导和借鉴作用。

文献研究

课堂教学设问，在启发式、讲授式、对话式、探究式等类型的教学方式和方法中，都有过应用和探讨，但相对而言，在当代关于问题式教学模式的形成、发展、研究和实践中最为集中和丰富。梳理问题式教学模式的研究和实践成果，对问题设置具有多方面的启发和借鉴作用。

一、问题式教学的研究成果

1.问题式教学的理论研究

建构主义学习理论认为，学生的学习是以已有的知识经验为基础的主动建构过程，是新的学习内容与已有的认知结构相互作用，形成新的认知结构的过程。建构过程的主要形式是同化和顺应。问题解决是以思考为内涵，以问题目标为定向的心理活动或心理过程，是一种巩固所学知识和应用知识的活动过程。这种活动同样需要个体运用原有的知识经验，将当前问题情境同化到已有的认知结构中。在这一同化过程中，已有的认知结构得到深化和整合。若个体已有的认知结构中不存在可同化的图式，需对原有的认知结构进行改造和重组，以顺应当前的问题情境来达到新的平衡。因此，问题解决也是一个建构过程，而建构过程的同化和顺应恰好是学习活动与问题解决活动的交汇点，因而可将知识的学习置于问题的解决中。问题的解决活动是学生学习中最普遍、最重要的形式之一，应贯穿于整个教育教学过程中。

张理对问题教学法的定义及理论基础进行了论述。他认为问题教学法是以问题为导向，在教师的指导下，学生通过自主学习解决问题、获取知识，从而培养学生学习能力和创造能力的一种教学方法。该教学方法的萌芽最早可追溯到中国的教育学家孔子和希腊哲学家、教育学家苏格拉底的启发式教学思想和教学方法中。19世纪20—50年代，以

美国实用主义哲学家、教育学家杜威为代表，作为一种教育流派发展起来。其核心思想是以问题为中心，通过发现问题，解决问题，检验完成知识的学习和掌握过程。强调“教”与“学”在教学过程中的共同行为，并突出学生的自主学习过程。

实践中已形成三种居主流地位的教学实施模式，它们分别是：

（1）杜威模式

疑难的情景→确定问题→提出假设→推理→验证。

教师通过创设真实的情景，与学生的已知经验发生冲突，引发学生的困惑和怀疑，因而产生急需解决的问题。教师提供资料，引导学生做出解决问题的假设，进行考察、分析和探索，整理出解决问题的方案。学生在教师指导下做实验，检验假设推断的正确性。

（2）当代美国的问题教学模式

选择问题→明确问题→寻找线索→解决问题。

教师确立选择问题的标准，帮助学生选择适当的问题，明确需要解决的问题，提供相关材料和参考资料；由学生自己收集资料，教师指导学生分析资料，找出结论，帮助学生检验答案，从而解决问题。

（3）巴班斯基的问题教学模式

创设问题情景→组织集体讨论→证实结论→提出问题作业。

教师是问题的创设者，设置问题情景，激发学生学习的兴趣，形成学生学习的责任感；教师又是学习的组织者，组织学生概括先前的经验和知识，查明现象的原因，讨论解决问题的可能方法，选出解决问题的最合理方案，帮助学生证实结论，并提出问题作业，进行新的问题解决过程。

郭松涛认为在课堂教学过程中，教师是主导，学生是主体，教学活动是在师生双方的相互作用下共同完成的。学生的主体作用只有在教师主导作用下才能得以充分发挥，而教师的主导作用必须是建立在学生的主体作用之上的。只有师生之间互相作用，学生的能动性、自主性和创造性才能得以完全激发和培养，学生才能获得主动、全面的发展。

伍建华指出，目前教师在教学内容和教学方法上，有需要进一步改进的地方。教师应转变课堂教学观念，将研究性学习引入课堂教学之中，改进课堂教学方法，提高课堂教学质量。在学生的学习态度，教师的备课观念，课堂教学方法等方面应尝试进行改革。

孔亚峰指出，要通过创设问题情境来激发学生的求知欲望，使学生亲身体验和感受提出问题、分析问题的全过程，进而以有效的问题设计引导学生在获取知识的同时，体验知识再发现的过程。问题教学法在课堂教学过程中具体实施的方案，包括利用生活实

际创设情境，利用问题探究创设情境，利用认知冲突创设情境等情境创设法；从知识的来源与应用中设计问题，从知识的逻辑发展中设计问题，从现象的共性与个性中设计问题等问题设置法。

2.问题式教学的一般方法

（1）问题式教学的模式

长期以来，许多教育家、心理学家，通过剖析问题解决复杂的心理活动过程，提出了若干模式：

①1957年，波利亚提出问题解决应分为四个步骤：理解问题—拟订计划—实行计划—回顾解答。

②美国教育家A. Schoenfeld通过实验观察，将一般问题解决的思考过程归结为：了解问题—尝试理解策略—试探一些思路—寻找新信息局部评价—实施计划—证实。

③曹才翰等提出的模式：呈现问题—分析问题—联系—行为的选择—检验。

④有部分学者提出问题解决的一般过程是：拟订问题的解决计划—提出假设—证明假设—检查问题解决的结果—反思。

问题解决是一个包括多个环节的复杂过程，因而相应的研究不能集中在启发性教学策略上，而应过渡到对解决问题全过程的系统分析。

（2）问题式教学的操作环节

①创设情境和提出问题。创设情境和提出问题是开始，它对引导学生展开探究起到激发和思维导向的作用。俗话说“良好的开端是成功的一半”，因此，教师在进行课堂教学设计时，要对创设情境和提出问题予以充分重视。

②问题解决。这是问题式教学的核心部分，是决定教学过程能否成功实施的关键。在寻求问题解决这一过程中，既要尊重和肯定学生是学习和实践的主体，充分发挥学生学习的积极性、主动性和创造性，又要重视教师的主导作用。教师作为学生学习的促进者和帮助者，不仅要给予学生必要的指导和帮助，还要参与到学生的交流讨论中去，控制教学的进度和方向。

③反馈评价。这是问题式教学的重要环节。在课堂教学中，教师的反馈评价是十分必要的。一方面，教师要对学生的不同看法进行归纳总结（有时也可以由学生自己进行归纳总结），对共同疑问进行深入的分析和适当的讲解，提升学生的认知；另一方面，教师要对学生在活动中的积极因素做出肯定的评价，特别是对学生的学习态度、探究意识等做出肯定的评价，提高学生学习的积极性和主动性。

④变式拓展和应用。变式是教师对原问题的某个部分进行变化，由此引出新的问题

和进一步的结论；拓展是把问题延伸到一般情形或其他特殊情形，把学生引向更广阔或更深层次的探究。变式拓展不仅能加深学生对原有问题的认识，而且也是培养学生的迁移能力和思维灵活性的重要途径。应用是在问题解决过程中，将获得的知识技能和思想方法的一种再应用，这种再应用的情境常是现实生活中的实际问题。变式拓展和应用是问题式教学的重要组成部分。

⑤总结反思。问题式教学是师生对问题解决过程进行回顾，归纳总结所学的知识技能和蕴涵其中的思想方法，反思自己在“教”与“学”过程中的得和失，明确未来努力的方向。

以上的实施模式及其说明，反映的是问题式教学的一般过程，其中的各个环节不是一成不变的，在实际课堂教学过程中，需要针对具体情况进行必要的调整和完善。

戴国仁指出，在课堂教学中把“问题提出”的主动权交给学生，培养学生善于发现问题、提出问题的能力，更能激发学生探索“解决问题”的兴趣，有利于提高学生的创新意识和能力。那么，在课堂教学实践中如何引导学生发现问题，提出问题呢？这就要求在课堂教学过程中，教师对学生要多鼓励，多表扬，少指责，少批评。对发现问题，提出问题的学生进行表扬，表扬他们勇于发现问题，大胆提问的精神，要鼓励学生积极提问，不断强化学生的问题意识，使学生真正体验到发现问题，提出问题的乐趣。同时要注意，不能指责学生所提的问题浅显，也不能当即否定学生所提的问题。学生所提问题并不是都要立即解决，有时候要向学生解释清楚，有些问题留课外研究或要用到后面的知识才能解决。教师要与学生合作，共同探讨问题，要建立良好的师生情感关系，为学生创设宽松的质疑环境。教师要不断加强学习，更新观念，善于引导，适时点拨，使学生在提出问题，分析问题，解决问题的过程中凸现创新精神和创新能力。

赵海东介绍了在“问题探究式”教学法的实践中，综合运用启发式、讨论式、讲练结合式等教学与辅导模式的情况。

张玮琪将问题式教学的问题提出方式分为情境式问题提出、发现式问题探究、开放式问题变换、合作式问题交流、引导式问题深入、适度式问题掌握、环节式问题渗透等。张玮琪指出，探究性学习是学生获得知识并培养探究能力的有效途径。探究教学不是先将结论直接告诉学生，而是让学生通过观察、实验、调查、收集资料、猜想、论证等各种探究活动，得出规律或结论，使他们参与并体验知识的获得过程，建构起对知识的新认识，并培养探究的能力。探究性学习的课堂教学，促进了教师教学方式的转变，促进了教师的专业发展，这正是新课程标准的基本理念和课程目标的要求。

3.问题式教学的主要原则

（1）问题性原则

要求问题式教学以问题为载体和核心展开教学，教学的最终结果也不是用所学知识完全解决问题，而是在初步解决已有问题的基础上，引发更多、更广泛的问题。贯彻问题性原则，其一，注意问题的设置要贴近学生的生活经验，能引发学生的学习兴趣；其二，问题的设置要符合学生的认知水平和认知规律，由简单到复杂，由特殊到一般，由具体到抽象。

（2）主体性原则

建构主义学习理论强调知识的生成性，要求确定学生在教学活动中的主体地位。贯彻主体性原则，其一，要求教师尊重和肯定学生是学习和实践的主体地位，摒弃视学生为知识容器，对学生进行灌输的做法。在课堂教学中，把学习的主动权交给学生，注意启发学生的思维，充分调动和发挥学生学习的积极性、主动性和创造性，使学生通过不同形式的学习活动，在问题解决过程中构建自己的知识体系和发展能力。其二，要求教师尊重学生的人格，发扬课堂的教学民主，鼓励学生大胆交流和表达自己对问题的独立见解。只有这样，才能使学生真正融入课堂教学中去。

（3）探究性原则

《汉语大词典》中的“探究”是指探索研究，即努力寻找答案、解决问题。探究是一个过程，其本质就是对“未知”不懈地进行“追问”，是人类的一种天生的本能。问题式教学强调学生在“探究”中学习，在教师的引导下去发现问题，去探索解决问题的策略和方法。

（4）互动性原则

互动是一种交流、碰撞、协作的过程。问题式教学强调在问题解决过程中的多重互动，包括教师与学生之间、学生与学生之间的互动等。这种积极的多重互动，不仅有利于学习者更好地解决问题和获得知识，而且有利于培养学习者与人合作和交流表达的能力。

（5）发展性原则

“为了学生全面而有个性的发展”是新课程的核心理念。问题式教学着眼于学生的知识能力等智力因素与情感意志等非智力因素的整合发展。学生经历问题解决这一过程，在发展知识能力的同时，养成锲而不舍的顽强意志和勇于探究的科学态度。

肖为胜将问题分为概念型、方法型、推广型、联系型、概括型等类型。他认为问题提出应注意这些方面：增强内容问题化的意识，注意问题提出的逻辑性，考虑问题提出的角度，组合问题和问题之间的次序。对学生的提问应做到启发引导学生发现问题，能发扬民主，实事求是，使学生思维具有批判性。

韩立国就“问题-探究”式教学的理论依据、实施方法、教学原则等方面做了探讨，将提问方法分为直接提问，通过实验提问，设疑布障提问，由浅入深连环提问等。提出教学原则包括学生主体原则，启发性原则，可接受性原则，准确性原则，艺术性原则，灵活性原则等。

朱海霞指出，知识产生和发展的历史表明，问题是课堂教学的心脏，提出问题，解决问题是课堂教学活动的核心，是课堂教学发展的动力。就课堂教学而言，教学目标需要问题来展现，教学过程需要问题来活化，教学对象需要问题来触动。离开问题，教学就会缺乏主题。问题既是教学的目标载体，又是教学的逻辑主线，问题的有效产生和发现是高质量课堂教学的基点。课堂教学评价是对教学的反馈、激励、调整与提高，课堂教学评价无疑也应该基于问题而展开，问题解决是课堂教学评价的价值取向。

张家琼对“新课程问题式教学评价”进行了分析，认为“双赢互惠教学发展观”是其核心理念。评价以促进教师教学能力的不断提高，促进学生学习能力的不断发展，促进课堂教学质量不断提升为目的，着重评价教师在课堂教学中促进学生发展的过程，突出评价在教师和学生课堂交往中的检查、反馈、激励、研究、促进功能。基于“双赢互惠”教学发展观，问题式教学侧重评价教学的问题性、互动性、延伸性、情感性。评价以“着手于问题情境的有效创设，着眼于问题解决情境中的教学互动过程”为标准，具体包括教师教学情境中问题的创设能力，问题解决过程中的师生互动程度，问题解决后的延伸度。

4.问题式教学的功能研究

实施问题式教学对学生的学习和发展具有重要作用，其功能可以概括为以下几个方面。

（1）有利于发展学生的知识

问题解决，从根本上说是把所学知识运用到新的问题情境中去的过程。这种运用不是一种简单的模仿操作，而是一种对已掌握的概念、规则、原理、方法和技能等重新组合运用。这种运用有利于学生加深对所学知识的理解，提高知识和技能的认知水平。而问题一旦获得解决，在问题解决过程中获得解决问题的新概念、原理、策略和方法等就会成为学生认知结构的组成部分，并作为进一步解决新问题的已有知识经验。因此，实施问题式教学有利于学生掌握新的知识。

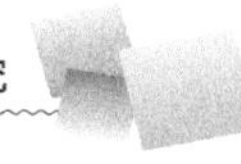

（2）有利于提高学生的问题解决能力

在问题解决过程中，学生立足于原有的知识经验并从中提取有用的部分，运用于当前问题情境，分析当前问题的基本结构，寻找隐含的内在联系，进行辨别、分析、综合和推论，生成假设并检验假设。通过这样的问题解决活动，学生的思维得到训练，信息提取能力、空间想象能力、抽象概括能力、运算求解能力、数据处理能力等基本能力得到发展，为问题解决能力的提高奠定了坚实的基础。因此，实施问题式教学能提高学生的问题解决能力。

（3）有利于培养学生的创新意识和创新能力

创新意味着新思想、新观念、新设计、新意图、新做法，创新是一个民族进步的灵魂，是一个国家兴旺发达的动力。但创新意识和创新能力并不是与生俱来或自发产生的，它需要在实践活动中有意识地进行培养。问题式教学中的问题，对学生来说是第一次遇到的新情境，怎样去实现问题的解决并没有现成的方法或策略可采用，需要学生对已掌握的知识和方法进行重新组合运用，以寻求解决问题的新途径、新方法或新策略。所以问题解决是一种创新活动，是学生对人类已有知识的再发现、再创造或创造性运用，这种创新活动对培养学生的创新意识和创新能力具有重要意义。因此，实施问题式教学也是培养学生的创新意识和创新能力的重要途径。

（4）有利于培养学生良好的个性品质

问题解决是学生从已掌握的知识经验出发，寻求问题答案的一种心理活动过程，是一个探究的过程，是一个创新的过程。在这个过程中，学生可能遭遇多次挫折，经历多次反复，这对培养学生顽强的毅力、锲而不舍的精神，形成良好的个性品质有着积极作用。因此，实施问题式教学有利于学生良好的个性品质的形成。

传统教学的弊端和问题式教学的积极作用，使得当前实施问题式教学成为一种潮流。

二、问题式教学的研究沿革

“问题解决”是教育中的一个新的理论，这一理论是美国数学教师联合会（NCTM）在1980年4月公布的文件《关于行动的议程》中提出，“1980年的教学大纲，应当在各年级都介绍知识的应用，把学生引进问题的解决中去”“课程应当围绕问题解决来组织”“教师应当创造一种使问题解决得以蓬勃发展的课堂环境”。虽然问题解决在教育中一直占有重要的地位，但把它提到课堂教学的核心地位，还是具有深刻改革意义的。

“问题解决”一经提出，立即受到教育界的广泛重视和深入研究。许多学者从认知心理学的角度对“问题解决”的思维过程进行剖析，揭示了“问题解决”的内在规律。

1982年，邵瑞珍提出，“问题解决是一种为寻求处理问题办法的心理活动”。同年英国Cockeroft报告认为，问题解决是一种把知识用之于各种情况的能力，要把“问题解决”的活动形式看作教或学的类型，看作是课程论的重要组成部分，而不是课程附加的东西。世界上许多国家都很重视问题式教学。在美国，通常认为整个课程要围绕问题解决展开，教师应创造使问题解决活跃起来的学习环境，应努力开发有关的教材，并把问题解决作为评价课程和教学的第一标准等。

三、问题式教学研究的现状

1.当前研究的重点

综观国内外关于问题式教学法研究的状况，从中可以看出，历代教育研究者在继承中外传统启发式教学思想精华的基础上，随着理论研究和教学实践经验的积累和升华，不断给问题式教学思想注入新鲜血液，使其逐渐充实和丰富。问题式教学法从根本上反映了课堂教学活动的客观规律，虽经几千年的冲刷和检验，至今仍显出勃勃生机。

综观国内外问题式教学的研究概貌，从中可看出研究者对问题式教学重要性的认识不断深入。目前国内的研究重点集中于问题式教学中问题的提出方案、问题式教学的步骤、问题式教学在各科教学中的运用等方面。

国外的研究主要集中于对问题式教学及其重要性的认识，解决问题的方法等方面。

2.当前研究的主要成果

随着新课程的实施和教育观念的改变，以问题式教学法为代表的启发式教学法等教学思想受到广泛关注和接受，问题式教学法在目前课堂教学方法研究中占据重要地位。

随着教师在理论和实践两个方面的探索，问题式教学法的研究取得以下成果：

（1）论证问题式教学法在学习规律和思维规律上的科学性。

（2）构建问题式教学法一般课堂的构成及结构。

（3）提出问题式教学法应用中主要坚持的原则。

（4）探索问题式教学法在各学科课堂教学实践中的应用。

3.当前研究的主要缺陷

尽管许多研究者都充分认识到问题式教学法的重要作用，并在现今的教学体系中时有倡导，但研究还是较为薄弱，理论体系尚需进一步充实，在教学中的实践效果还不尽

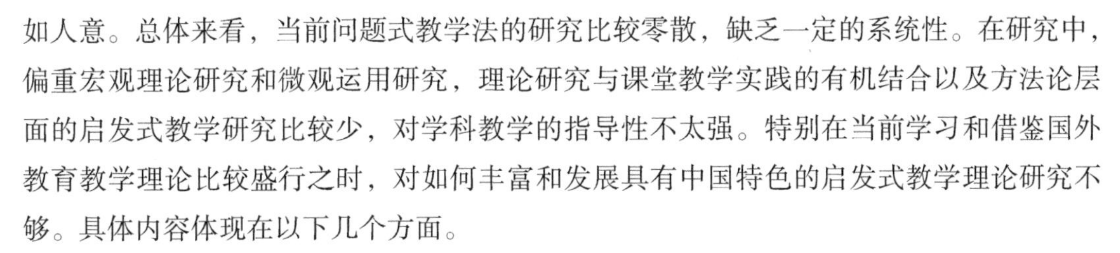

如人意。总体来看，当前问题式教学法的研究比较零散，缺乏一定的系统性。在研究中，偏重宏观理论研究和微观运用研究，理论研究与课堂教学实践的有机结合以及方法论层面的启发式教学研究比较少，对学科教学的指导性不太强。特别在当前学习和借鉴国外教育教学理论比较盛行之时，对如何丰富和发展具有中国特色的启发式教学理论研究不够。具体内容体现在以下几个方面。

（1）重形式，轻内涵

对问题式教学的构建，组织原则研究较多，但对具体的实施方法研究较少；对设置问题的方式研究较多，但对问题式教学所需的教师学科素养和人文素养研究较少；对问题式教学所体现的教育思想研究较多，但对教育对象思维规律科学性的理解和认知研究不足。

（2）重理论，轻验证

对问题式教学的理论基础研究较多，但对其实践效果缺乏长期的、系统的实验数据进行验证。大批教育一线的工作者也受制于方法和客观条件的限制，无法对问题式教学的效果进行较为系统的比对。

（3）缺乏横向联系与系统应用研究

对问题式教学的研究集中于一课、一题等对象，对更大范围问题式教学的研究（例如，对不同课程，同一课程的不同教学阶段，同一教育对象的不同学习阶段等方面）与其他教学法的横向比对缺乏；同时，对问题式教学应用的研究也较为零散，对其系统应用研究不够充分。

（4）对问题式教学可能的不良后果研究不足

①实施问题教学法，通常会比课堂讲授占用更多的时间。如果教师不能有效控制，会导致教学计划不能按时完成，有时还会与其他学科的学习产生冲突，从而不能获得应有的教学效果。鉴于此，教师要熟练掌握本学科的教学体系，追踪本学科的前沿动态和实践范例，合理设计与问题教学法相适宜的教学计划，鼓励学生要融合其他学科的知识和方法，增强各学科间学习的协同性，促进学生更好地学习其他学科。

②问题式教学可能导致学生对基础知识系统性学习的差异。学生的认知能力参差不齐，如果教师不能及时合理进行调控，学生对基础知识系统性学习的差异必然会加大。因此，对于各部分的教学内容，教师应安排时间做系统讲述或归纳，提炼知识点，对于逻辑推理或数理推导较多的部分，教师应做必要演示，并对程度较差的学生给予帮助。

在目前的教育目标、教育效果评价体系、人才评价标准的大背景下，问题式教学其他可能的不良后果也缺乏充分的论证。

4.问题式教学研究的发展方向

在保持我国启发式教学研究特色和优势的基础上，以教育教学中富有成效的理论为指导，以“教与学对应”二重原理为出发点，继承和发展多种教学思想并实现其优势互补。此外，结合学科特点进行问题式教学的理论研究与实践探索，也是今后发展的主要趋势。教师应具有科学精神与人文精神，将问题式教学的实践研究大力推进。

四、需要进一步研究的内容

教师查阅有关理论，对课堂教学工作有很大的指导意义，但还需要结合教学实践，对以下内容进行深入研究：

（1）如何将这些理论更好地应用于课堂教学实践，从教师所处的教学环境出发，找出更符合教学实际状况的基本模式和方法。

（2）用教学实践来论证问题式教学的理论，并结合相关理论进行高中物理课堂教学设问策略和方法的研究。在课堂教学中不断摸索和完善问题式教学的理论，使其对教学一线的教师具有一定的借鉴作用，能更加自如地应用问题式教学的理念和方法，更好地进行高中物理课堂教学。

（3）对于问题式教学中设问的策略和方法，教师不仅要从“教”的角度进行研究，还要从“学”的角度进行研究；同时，要特别关注如何使“教”与“学”更好地结合，进一步从效果较好的课堂教学实践中，总结出好的方法和基本规律。

（4）对于高中物理课堂教学中的设问，要研究具体的实施方法。以学生的认知规律，教学的内容和特点为出发点，对高中物理课堂教学中的设问进行系统化研究。认真研读《物理必修1》（人教版）等教材，充分发挥丰富的课堂教学实践经验作用，梳理知识点，确立重点和难点，提供具体实用的设问示例，增强对课堂教学实践的指导作用。

（5）开展课堂教学研究，对高中物理问题式教学中的设问进行对比分析。通过实验数据的验证，对相关教学思想和方法进行实践效果的检验，从而进一步在课堂教学中加以改进和完善。以理论基础指导教学实践，再以实践经验来发展充实理论。通过这样全面细致地进行探究，对课堂教学有更为广泛和深入的实践意义。

总之，要以有关理论为依据，以问题式教学中的研究成果为指导，以高中物理课堂教学实践为基础，对高中物理问题式教学中设问的策略与方法进行教学实验研究。对研究的内容努力完善和系统化，使其能为教学一线的教师提供一定的借鉴作用，成为可应用于实践的高中物理教学指导资料。

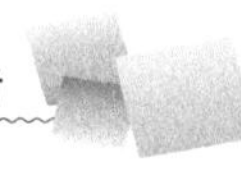

第三章
课堂教学研究报告

本次教学研究的主要目的是通过对比课堂教学，研究高中物理问题式教学中设问的策略与方法。在研究过程中，要求教师转变教学观念，具备较强的驾驭课堂的能力，通过问题设置的引导，在课堂教学中充分调动学生自主学习的积极性。

一、课堂教学研究的依据

课堂教学过程应该是教师和学生共同完成的，但反思我们的课堂教学实践，很多时候过分强调了教师的主导作用，而对学生的主体地位体现不够。这种情况若长期得不到改变，会使学生的思维经常处于“被动状态”，使他们在学习中缺少探索，缺少创见，影响学生学习的积极性。针对这种状况，我们以课堂教学实践为基础，结合现代教育教学和新课程理念，进行了“问题式教学中设问策略与方法”的教学研究。

二、课堂教学研究的目的

教师借鉴已有的研究成果，对高中物理课堂教学中设问的策略与方法进行研究，进行对比分析，从而探究在课堂教学中如何恰当设问，充分调动学生学习的积极性，全面有效地培养学生的思维能力、学习能力和问题解决能力，更好地完成教学任务；同时，对以讲授为主的传统课堂教学模式加以改进，使高中物理课堂教学生动、高效，富有生命力。

1. 严格执行课程计划

要利用设问提高课堂教学效率，增强课堂教学效果。

2.利用设问提高教师的课堂教学组织能力

要充分利用设问提高教师的课堂教学组织能力，培养学生的问题意识，培养学生分析问题和解决问题的能力。

3.研究过程

（1）研究对象

试验班：兰化一中2018届高一年级1班。

对比班：兰化一中2018届高一年级2班。

（2）研究时间

2015年9月到2018年6月。

（3）问题式教学设问的基本方法及模式

第一环节：以设问引出课堂学习内容。针对不同的学习内容，可以从增强趣味的角度设问，引起学生的兴趣；可以设置悬念问题，引发学生的求知欲；可以设置“陷阱”问题，引发学生思辨；可以设置对比问题，引发学生联想等。

第二环节：以设问的方式推动学习进程。在这个环节中，要体现出教师是学生学习的指导者、促进者、合作者的角色定位，在课堂教学中起到诱导定向的作用。要通过层层设问，逐一提出要研究的问题，展开课堂教学过程，组织学生有效地研究问题。在课堂教学中，教师既不能代替学生思维，又不能让学生盲目摸索，要充分体现出教师在教学中的主导作用。

第三环节：通过设问引导学生进一步探究学习内容的重点和难点。在这个环节中，要凸显学生是学习的主体。教师以针对性很强的设问，引导学生积极思考，探索研究，归纳总结。以设问引导课堂的探索研究过程，训练学生的思维，形成良好的认知结构，顺利突破难点，突出重点，提高教学和学习的效率。

第四环节：质疑交流，以设问引导学生发表不同见解。在这个环节中，设问的目的不仅是让学生得到正确的答案，而且要通过设问引导学生积极交流讨论，思维碰撞，产生更强烈的探索欲望；同时，这个环节也是对知识深入理解，进一步完善化、系统化的过程。学生之间的相互学习，相互促进，往往能达到优于单纯教师讲解的学习效果。

第五环节：反思归纳。以设问引导学生对学习过程进行反思归纳，对如何找出所探讨问题的切入点以及如何得到解决问题的途径和方法等进行分析小结；同时，逐步加强学生在学习过程中的问题意识，增强学生解决问题的信心，提高学生解决问题的能力。这个环节的设问，是教师引导学生进行综合评价的过程，学生能运用所学方法解决新的

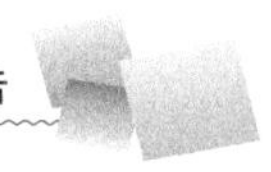

问题，使所学知识得到升华。

4.主要方法

（1）问卷调查了解情况：课堂教学研究前通过问卷调查，全面分析学生的问题意识，自主学习意识，了解学生对课堂教学设问的认识以及是否对设问感兴趣等方面的情况。在问卷调查的基础上，逐步完成和完善课堂教学的内容、方法和流程。

（2）向试验班学生做动员和说明。对学生讲解有关的学习理论，尽可能深入浅出，通俗易懂，让学生充分理解课堂教学研究的重要性和意义。举例分析问题式教学在高中物理课堂教学和学习中的优势所在，让学生以饱满的热情，积极的态度参与到课堂教学研究中。

（3）在课堂教学中实施“问题式教学设问策略与方法”的教学研究。以课堂教学研究的方案为基础，在教学中认真完成计划和流程；同时，及时调整、改进、完善课堂教学研究，使课堂教学研究和教学效果都能不断优化。

（4）追踪记录学生个体及整体情况。分析学生的课堂反应、课后作业的完成情况及考试成绩，记录学生对基础知识的认知水平、创新能力以及问题解决能力等方面的变化，掌握第一手资料，形成典型案例。

（5）在学习新知识之前，了解学生先行学习中存在的问题，共同讨论、反思，及时解决问题。

（6）以学生在期中、期末等重要考试中的成绩为依据，结合学生在学习过程中的问题意识和问题解决能力的表现，分析总结本研究的教学和学习效果。

（7）进行研究后期学生问题意识和自主学习意识等变化情况的问卷调查，为“问题式教学中设问策略与方法”的进一步完善提供依据。

三、课堂教学研究的过程

1.第一阶段：课题准备阶段（2015年9月）

（1）确定研究课题的方向。

（2）学习和课题有关的理论知识，提高自己对本研究的理论认识水平，了解国内有关的研究成果。

（3）制订课题实施的行动计划和方案。

2.第二阶段：实施阶段（2015年10月至2017年12月）

开展各种形式的课堂教学活动，多方探究课堂提问方法，及时小结，及时进行阶段性的反思，逐渐深化提高课题的内涵。

（1）研究解决课堂教学中遇到的疑惑，做好相应的应对措施并记录在案。

（2）开展课题阶段性的总结，整理出相应的研究成果。

（3）听取课题组或其他同学科教师的建议，修正计划与步骤，调整行动指南。

（4）再次开展课题的调查分析，交流经验，总结得失。

（5）及时反馈整理研究结果，做好档案资料的收集。

（6）评选优秀的课堂教学案例，撰写论文，梳理研究成果。

3.第三阶段：总结阶段（2018年1—6月）

总结课题，整理研究过程并将研究材料存档，撰写课题的研究报告，公开发表相应的课题论文，推广研究成果。

（1）进一步提升课题研究的水平，提高课题研究的质量。

（2）完善课题研究的档案资料。

（3）总结完成课题的研究报告，汇总研究的成果。

四、课堂教学研究的结果分析

2015年9月开始，我们选择了高一年级两个班进行了对比教学研究。对比班与试验班学生入学成绩基本相同，任课教师教学水平相当。对比班运用常规教学方法；试验班尽可能采用“问题式教学”方法，注重以设问的方式展开教学。教学研究选取了两个学期，教学研究中教师进行了问卷调查分析，数据分析见表3-1至表3-5。

表3-1　研究前期学生问题意识和自主学习意识的调查结果

（调查问卷内容附后）

题号	1				2				3				4				5			
选项	A	B	C	D	A	B	C	D	A	B	C	D	A	B	C	D	A	B	C	D
1班	74	6	15	5	6	58	20	16	10	26	24	40	30	6	36	28	8	24	42	26
2班	62	27	5	6	12	59	19	10	6	31	21	42	23	10	38	29	6	28	38	28

续表3-1

题号	6				7				8				9				10			
选项	A	B	C	D	A	B	C	D	A	B	C	D	A	B	C	D	A	B	C	D
1班	0	52	46	2	4	48	10	38	10	24	38	28	14	52	32	2	18	66	8	8
2班	2	40	58	0	2	31	21	46	12	13	52	23	16	58	26	0	10	53	30	7

注：1班代表试验班，2班代表对比班。1、2、3、4、5等代表调查问卷题目。A、B、C 、D代表调查问卷题目中的选项。74、6、15、5等数据指选择该项的人数占总人数的百分比。

［分析］研究前期学生问题意识和自主学习意识的调查结果显示：学生在高中物理学习中表现出较强的求知欲，学习态度积极，愿意与老师和同学合作。但在问题意识、学习习惯、学习方法等方面，还存在一定的问题。

表3-2　研究后期学生问题意识和自主学习意识的变化情况

（调查问卷内容附后）

题号	1				2				3				4				5			
选项	A	B	C	D	A	B	C	D	A	B	C	D	A	B	C	D	A	B	C	D
1班	76	4	15	5	10	54	20	16	18	28	28	26	32	10	30	28	14	36	26	24
2班	80	5	10	5	35	22	23	20	32	38	10	20	53	27	13	7	35	30	21	14
题号	6				7				8				9				10			
选项	A	B	C	D	A	B	C	D	A	B	C	D	A	B	C	D	A	B	C	D
1班	15	33	40	12	8	40	15	37	15	40	35	10	18	56	20	6	20	68	8	4
2班	35	25	22	18	24	35	28	13	36	26	28	10	56	24	20	0	30	46	20	4

注：1班代表试验班，2班代表对比班。1、2、3、4、5等代表调查问卷题目。A、B、C 、D代表调查问卷题目中的选项。76、4、15、5等数据指选择该项的人数占总人数的百分比。

［分析］实施教学研究两个学期以后，我们再次进行了学生问题意识和自主学习意识等相关问题的问卷调查。我们看到，试验班学生的问题意识明显加强，更加关注知识的形成过程。在学习中，大多数同学能够把自己的思考、见解融入学习知识的过程中；同时，他们对问题式教学也有了更多了解，对教学过程中的设问有了更加浓厚的兴趣。

表3-3 考试成绩

	试验班(1班)			对比班(2班)		
	人数/人	平均分/分	优秀率/%	人数/人	平均分/分	优秀率/%
2015年10月第一学期期中考试	56	75.4	7.14	56	72.4	5.36
2016年7月第二学期期终考试	56	85.2	26.78	56	75.2	10.7

注：满分100分，80分以上为优秀。

表3-4 试验班与对比班研究起点成绩比较表

（2015年10月第一学期期中考试成绩）

	人数/人	平均分/分	优秀率/%	各档次人数/人			
				80～100分	70～79分	60～69分	60分以下
试验班(1班)	56	75.4	7.14	4	26	17	9
对比班(2班)	56	72.4	5.36	3	28	15	10
Z=0.38，Z<1.96，差异不显著							

（1）δ为标准差，标准差越小，分数越集中，离散程度越小。

$$\delta = \sqrt{\frac{\sum (X_i - X)^2}{N}}$$

X_i代表每个学生的原始分数，X代表该班学生的班级平均分数，N代表班级总人数。

（2）差异检验的一种方法：

$$Z = \frac{\left| X_1 - X_2 \right|}{\sqrt{\frac{\delta_1^2}{N_1} + \frac{\delta_2^2}{N_2}}}$$

Z为差异检验的一种方法：$Z < 1.96$时，差异不显著；$1.96 \leqslant Z < 2.58$时，差异显著；$Z \geqslant 2.58$时，差异非常显著。

表3-5　试验班与对比班研究终点成绩比较表

（2016年7月第二学期期终考试成绩）

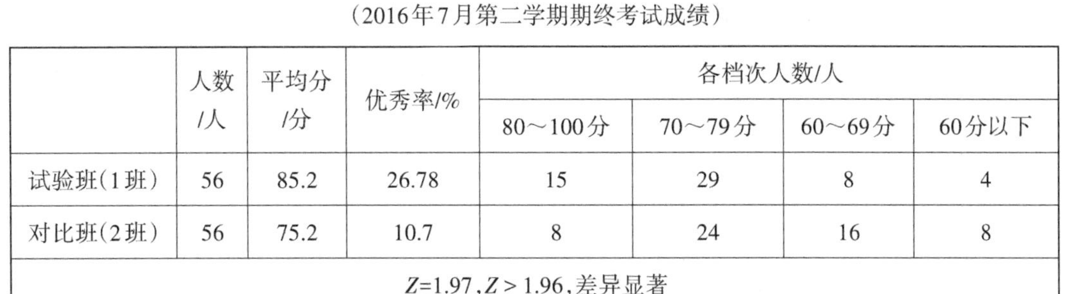

	人数/人	平均分/分	优秀率/%	各档次人数/人			
				80～100分	70～79分	60～69分	60分以下
试验班（1班）	56	85.2	26.78	15	29	8	4
对比班（2班）	56	75.2	10.7	8	24	16	8
Z=1.97，Z＞1.96，差异显著							

［分析］对比2015年10月第一学期期中考试成绩，试验班和对比班没有明显的差异；而对比2016年7月第二学期期终考试成绩，试验班有较为明显的提高，且试验班分数较集中，离散程度较小，优良人数较多。

上述数据分析表明，经过两个学期的教学研究，试验班的学生不但学习成绩有了较为明显的提高，而且在学习态度、问题意识、学习习惯等方面也取得了一定的进步；同时，试验班的学生较好地掌握了研究问题和处理问题的思路和方法，学习能力得到了提高，这些现象从问卷调查、考试平均成绩、高分段人数所占比例等方面可以体现出来。

五、课堂教学研究的结论

在问题式教学中，设问是出发点，分析问题是重点，提高问题解决能力是目标，发挥学生学习的主动性是其显著特点。教学研究证明，这种课堂教学模式对培养学生的问题意识，自主学习能力具有重要的作用，对提高教师的授课水平，提高教学质量也有明显的促进作用。在教学过程中，教师还应注意以下几点：

（1）问题式教学不是唯一的学习模式，采用问题式教学并不意味着全盘否定和摒弃讲授法等其他教学模式。教师一定要从教学实际出发，针对不同的学习内容，对课堂教学模式、教学方法以及学生的学习方法等做出相应调整，采用更为有效且合理的课堂教学方式。很多时候，课堂教学是多种教学模式和教学方法的综合应用。

（2）采用问题式教学，需要教师有较强的驾驭课堂的能力。教师所提出的问题要能够引导学生的学习过程，要有针对性、发散性、思考性和典型性，以保证学生的学习不偏离方向。要求教师应深入钻研教材，透彻理解教学内容，准确把握学生的实际情况，全面了解学生在认知过程中可能遇到的思维障碍等。如果教师驾驭课堂的能力欠缺，若采用问题式教学，课堂教学不仅不能达成预期的高效水平，相反还会出现耗时低效的现象。

（3）问题式教学适宜的学生群体：问题式教学对于认知和思维水平比较高、善于归纳总结的学生，学习效果更加突出。如果学生的基础知识薄弱，缺乏基本的学习方法，没有良好的学习习惯，往往不能适应这种教学模式。教师在课堂教学中，要针对教学内容和学生状况，选择合适的教学模式和方法，不能“生搬硬套”，这是需要教师高度重视的问题。

附：

高中物理学习中问题意识和教学设问调查问卷

亲爱的同学：

你好！为了研究高中物理问题式教学中设问的策略与方法，更好地促进教师的教学和同学们的学习，特向你征询以下意见，请依照实际情况作答。谢谢你们的合作！

1.你是否认为学习就是不断地发现问题，不断地解决问题的过程？

A.非常同意　B.较同意　C.不太同意　D.不同意

2.你在进行课前预习时，有努力找出问题的意识吗？

A.经常有　B.有时有　C.不经常有　D.没有

3.你对问题式教学有所了解吗？

A.了解　B.较了解　C.不太了解　D.不了解

4.你喜欢老师用设问的方式教学吗？

A.很喜欢　B.较喜欢　C.较不喜欢　D.不喜欢

5.你对老师的课堂提问觉得有压力吗？

A.一点没有　B.有一点　C.有较大压力　D.压力很大

6.你有没有觉得老师提出的问题不够明确，不知该怎样回答？

A.没有　B.有时有　C.较多　D.很多

7.解决学习中的问题时，你对老师的依赖强吗？

A.不强　B.不很强　C.较强　D.很强

8.老师在课堂教学中的设问，对你的学习有帮助和促进作用吗？

A.作用很大　B.有作用　C.作用较小　D.没什么作用

9.老师在课堂中设置的问题，你通常会积极认真地思考吗？

A.非常积极　B.较积极　C.有点应付　D.不想思考

10.你能经常在课后反思、回顾上课时所解决的问题吗？

A.每次课后都进行　B.较多进行　C.偶尔进行　D.不进行

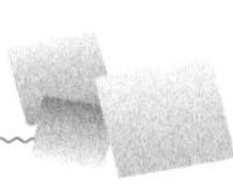

第四章

高中物理问题式教学中设问的策略与方法

一、影响设问策略与方法的因素

影响设问策略与方法的因素很多，有课堂教学内容的影响，有教学对象的影响，还有教师自身素养的影响等。教师要恰当地根据不同情况，灵活多样地运用不同的课堂设问方法进行课堂教学，突出重点，突破难点，使学生具有解决问题的积极思维状态。在课堂教学中，通过设问培养学生的问题意识和独立思考能力，开阔思路，启发思维，学习科学探究的基本方法，提高科学探究的能力；同时，要训练学生思维的逻辑性、系统性，提高语言表达的能力和解决问题的能力，促进“教”和“学”的和谐发展。

1.不同学习任务的影响

不同类型的课，不同的学习任务，对设问有着很大的影响。例如，在新授课中设问的跨度宜小。教师设问应与学生原有知识之间建立联系，设问对于学生要具有潜在的逻辑意义，使学生“跳一跳”就可以做到力所能及。要求教师在设置问题时，既要钻研教材，把握知识体系，又要了解学生知识与能力的发展现状，努力使课堂教学符合学生认知发展的规律，做到循序渐进。课堂教学中的设问要做到将教情和学情两者有机统一，这样才能有助于学生进行有意义的学习，发展他们的认知结构，激发他们的认知兴趣，增强思维的积极性、独立性、探究性，达到物理知识建构的目的。

在复习课中，设置的问题跨度宜大，综合性要强。下面就以实例来分析。

【案例】

“电容器”的复习课，可以进行以下设问：

①电容器的基本构造是什么？常用的电容器有哪些？

②你知道电容器有哪些用途？

③将电容器接在直流电路中，可以观察到什么现象？

④把充电后的电容器的两个极板用导线连通，可以观察到什么现象？试分析出现这些现象的原因是什么？请设计一个简单的实验来证明你的观点是否正确。

电容器是高中物理学习中的重要电子元件。学生在初步学习之后，可能对电容器的构造不能全面、深入地认识，对充电过程和放电过程所发生的很多物理现象不够熟悉，对其在生活和生产实践中的重要应用缺乏了解。“电容器”的复习课，凸显电容器的性质与其实际应用之间的关系。通过对相关实验现象的分析和实验方案的设计，使学生能够进一步认识电容器的构造，复习、熟悉、深入理解电容器充电过程和放电过程所发生的重要物理现象。高中物理复习课要重视课堂教学的容量，课堂教学的深度，关注所学知识在生产和生活中的应用。以上的设问，涉及的知识点多，范围广，问题由易到难，逐步深入，综合性强，体现了复习课的设问特点。

2.所学知识特点的影响

高中物理的课堂教学和学习有其相应的知识体系和结构，主要有物理概念、物理规律、物理实验等内容。其中“力和物体的运动”主要集中在《物理必修1》（人教版），包括物体运动的描述、常见的三种性质的力、牛顿三大运动定律等；《物理必修2》（人教版）主要讲授曲线运动中的平抛运动、圆周运动、天体运动，以及做功和能量之间的关系等内容；《物理选修3-1》（人教版）主要学习静电场和磁场；《物理选修3-2》（人教版）主要学习电磁感应及交流电；《物理选修3-3》（人教版）主要学习热学和原子物理；《物理选修3-4》（人教版）主要学习机械振动、机械波和几何光学等内容；《物理选修3-5》（人教版）主要学习动量定理及动量守恒定律等内容。在高中物理的课堂教学和学习中，不同的内容，有其相应的特点，课堂教学和学习的方法也存在差异。例如，“静电场”知识的学习，重在厘清学习的思路，要将繁杂的物理概念进行梳理，形成知识网络；而“牛顿运动定律”这些理论部分的学习，应侧重于理解，将抽象的学习内容尽可能形象、直观地呈现，化难为易。此外，要找出学习内容之间的内在联系，认知相关原理和定律的实质，化繁为简；而物理实验贯穿于整个高中物理课堂的学习中，应高度重视，关注实验教学与其他学习内容之间的密切关联，并渗透于物理课堂教学的始终。对于高中物理主要的学习内容，下面具体分析其教学设问的方法和策略。

高中物理概念知识的学习，涉及的概念很多，内容纷繁复杂。教师在设问时要思路清晰，帮助学生梳理庞杂的学习内容，找出学习的出发点、着眼点、重点和基本思路，依据线索有条理地进行学习，而不是单纯地死记硬背物理概念。有些学生对物理概念的学习有误解，认为物理概念只要记下来就行了。实际上，如果按照这样的方法来学习高中物理，只能是事倍功半。教师在课堂教学过程中，要积极引导，教会学生正确的学习方法。通过明确的设问角度，学生应掌握物理概念知识的学习要点。课堂教学中，突出重点内容和重要概念设问，突出知识点设问，针对容易混淆、容易产生错误理解的“薄弱环节”设问；还要关注通过设问，使学生理解物理概念之间相互联系的本质，从实质上理解物理概念。

物理规律的知识体系比较庞大，系统性很强，内容多而复杂，难度大。牛顿运动定律等物理规律，是中学物理课程内容的有机组成部分。教学内容与生产实践、学生的生活实际联系紧密，与相关学科也有关联。知识结构具有灵活性和迁移性，教学过程具有可操作性、开放性。学生可以通过实验探究主动获得很多知识，体会物理规律发现和完善的过程，逐步树立正确的科学观、人生观。物理规律部分也是高中物理课堂教学和学习的难点和重点。学生所学内容抽象，不容易理解，很多学生不能很好地接受相关规律的学习。因此，在课堂教学中，教师要注重设置良好的、开放性的教学情景，注重学生激活思维，培养学生思维的敏捷性、深刻性，通过学习，学生对相关理论规律有深入的理解。此外，采用各种方式培养学生的抽象思维能力，培养学生抓住核心分析问题、解决问题的能力。因此，课堂教学中的设问，要尽可能化抽象为直观，深入浅出，分析到位。要多运用学生熟悉的生活实例进行类比，在设问中善于打比方，举例子，化难为易。对物理概念、物理规律相似的难点和重点内容，应用已有知识类推新知识，整合设问。课堂教学中，每一环节的设问要有明确目的，紧扣知识主线，抓住知识要点。

物理实验教学生动、直观会容易吸引学生主动参与学习过程，激发学生开展科学探究的积极性。在高中物理的实验教学中，我们不能仅停留在通过实验训练某项实验技能，验证某个物理知识、物理规律这样的简单层面上；而是要抓住更多的学习契机，通过教师有效、合理地进行设问，引领学生发展科学探究能力，增强对科学探究的理解。通过对细节的设问，培养学生严谨的科学态度；通过深层次的设问，引导学生深入思考所学知识，在学习中不断钻研；通过开放性的设问，培养学生多方位、多角度地分析问题，使学生的思维活动具有独创性。

3.学生的认知水平和学习目标的影响

设问的方法和策略会受到学生的认知水平和学习目标的影响。学生的认知结构与能力发展水平存在着个体差异，发展也不平衡。教师的设问要尽可能面向全体学生，保护学生的学习积极性。不同认知水平的学生，都能有展现才能和表达见解的机会，思维水平和探究能力都能不断提高。按照学生不同类型的思维活动和不同层次的学习目标，教学设问的目的有所不同，类型也不同。

（1）认知水平的设问

认知水平的设问是相对低层次的设问，对于认知性水平的学习内容，较多应用这种设问。它所涉及的心理过程主要是回忆，用于确定学生是否记住了所学内容，帮助学生记忆学过的知识要点。例如，物理中的基本概念、定律，物理用语等，教师经常用到的关键词有“什么是”“写出”“说出”“举例”“描述”等。语句有“写出动能定理的表达式”“举例说明曲线运动有哪些特性”“什么叫静电屏蔽和静电平衡”“描述达到静电平衡状态的导体有哪些特点”等。

（2）理解水平的设问

在课堂教学过程中，为了帮助学生领会概念和规律的基本含义，解释和说明简单的物理问题，会经常用到理解水平的设问。它用来帮助学生组织所学的知识。例如，解释实验现象，比较相似或相反的概念，领会概念中的关键词，判断某个定律守恒的条件等。理解水平的设问，常用的关键词有“叙述”“比较”“说明”“对比”“解释”“归纳”“分类”等。例如，“用自己的话描述加速度的含义”“请归纳静电场的两大性质”“试比较磁感线和电场线的异同点”“请说明电流是标量的原因”“根据所学知识比较电动势、电压、电势差”等。

（3）应用水平的设问

在物理计算和物理概念及规律的应用等学习过程中，常用到应用水平的设问，用来帮助和鼓励学生应用知识去解决问题。此类设问，教师常用的关键词有“应用”“运用”“分类”“选择”等。例如，“求电场力做功的方法有哪些?”“如何判断电荷的电势能变化?”“怎样应用动量守恒定律解决一维情况下的定量守恒问题?”等。

（4）分析水平的设问

分析水平的设问，可用来分析物理的现象，厘清事物间的关系及有关原理的前因后果等。例如，认识物质的微观结构与宏观性质的关系，分析比较不同物质的性质，纠正实验错误等。这样的设问常用的关键词有“为什么”“什么因素”“证明”“分析”“预测”等。例如，“为什么液体的温度越高，布朗运动越明显?”“分析石墨和金刚石的物理性质为何有较大不同的原因”“分析比较电流表内、外接法的选择依据”“为什么欧姆定律只适用于纯电阻电路，而对于像电动机、电解槽等非纯电阻电路不适用?”等。

（5）综合水平的设问

综合水平的设问可以帮助学生将所学知识和规律，以创造性的方式组合起来，形成一种新的关系。在物理学习中，综合运用物理规律及原理等有关知识解决较复杂的问题时，常用到综合水平的设问。例如，运用能量守恒定律和动量守恒定律的知识分析比较

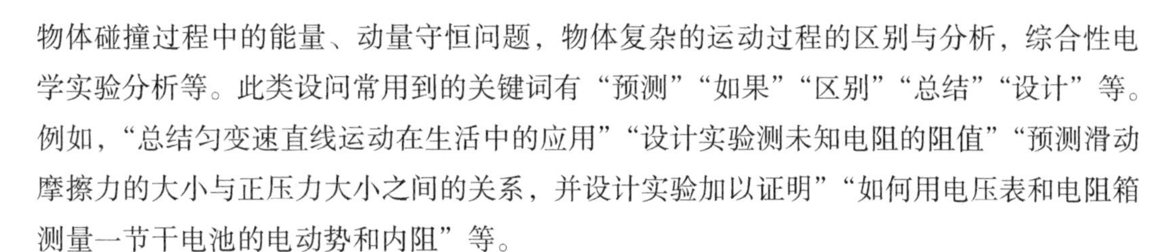

物体碰撞过程中的能量、动量守恒问题，物体复杂的运动过程的区别与分析，综合性电学实验分析等。此类设问常用到的关键词有“预测”“如果”“区别”“总结”“设计”等。例如，“总结匀变速直线运动在生活中的应用”“设计实验测未知电阻的阻值”“预测滑动摩擦力的大小与正压力大小之间的关系，并设计实验加以证明”“如何用电压表和电阻箱测量一节干电池的电动势和内阻”等。

（6）评价水平的设问

评价水平的设问，要求学生对问题的解决方法进行判断与选择，要求学生能提出自己的见解与观点。设问中常用的关键词是“判断”“评价”“证明”“你对……有什么看法”等。例如，“某学生用欧姆定律来计算转动的电动机中的电流，你认为是否正确？为什么？”“课本中利用电流表和电压表测电池的电动势和内阻的实验装置是否有可以改进的地方？你认为应如何改进？”等。

二、课堂设问的基本策略与方法

如何设问不能率性而为，需要掌握科学的方法，要讲求设问的艺术技巧，才能收取预期的效果。高中物理课堂教学中的设问也有其内在的规范和要求，对于课堂教学中的设问，我们要有全面而深入的认识和了解。

1.课堂设问的基本要求

（1）设问要围绕课堂教学目标，突出课堂教学重点。

（2）设问要有科学性和系统性，逻辑关系要清晰。

（3）设问的问题要明确具体，要具有针对性。

（4）设问要适时、渐进，具有合理的梯度和跨度。

（5）设问要对学生富于启发性和激励性。

（6）设问能让学生从中领悟思维和学习的方法。

（7）要面对全体学生，兼顾“两极”学生进行设问。

总之，教师在课堂教学中设置问题时，应控制好问题的角度、梯度、深度、跨度和适时性等方面。

2.课堂设问的基本策略和方法

（1）应注意设问的角度、目标性和选择性。课堂设问要新颖，要富有启发性，能调动学生的注意，能引起学生的兴趣，能激发学生积极的思考。课堂设问要突出课堂教学

的目标，使学生的思维趋向于学习的目标，有利于课堂教学目标的实现。要选择好设问的节点，在重要知识点的衔接处，重点和疑难点的关键处进行设问。

（2）课堂设问应有一定的梯度。课堂设问要符合学生的认知特点和思维规律，兼顾多数学生的认知水平和分析能力。难度较大的学习内容，要根据学生已有的知识经验和能力，依据课堂教学实际的需要，分解设问。设问由易到难，由浅入深，依次提出，逐一解决。通过梯度递增的设问，步步推进课堂教学，层层分散教学难点，从而顺利完成课堂教学和学习任务。

（3）课堂设问要难易适度。课堂设问是为了实现学生能力和知识的迁移，而过难、过易的问题都会抑制学生的思维。设问过难，会挫伤学生学习的自信心和积极性；而设问过易，不能激发学生的兴趣，学习的主动性得不到发挥。所以设问要把握好难易程度，只有难易适度的设问，才能引导出积极有效的学习活动，保持学生探索知识的积极性。

（4）课堂设问应具备一定的跨度。课堂设问要在学生已有的知识基础上，寻找新知识的生长点，提供必要的教学情境和教学素材，通过问题的解决，学生自主构建知识体系。设问要紧扣教学内容的中心，要有助于学生厘清知识之间的相互关系，要注重知识的内在联系和前后衔接，还要进行知识之间的横向分析和比较，即要具有一定的跨度。

（5）课堂设问要把握好适当的时机。在课堂教学中，平铺直叙地讲解易造成学生注意力分散，但不分时机、不分场合、过于随意的设问，又会造成学生心理过度的紧张。教师必须在课前周密思考，严谨布局，调整课堂设问的密度，做到疏密相间，时机恰当。此外，课堂设问要紧扣所学知识的重点和难点，在学生认知矛盾的焦点上设疑，有的放矢，恰如其分。设问不能主次不分，严重影响学生对重点和难点知识的认知和理解。在每一个问题提出后，教师不要急于解答，代替学生解决问题，而要留给学生必要的思考时间和交流空间，要以大多数学生完成任务为原则。

三、针对不同学习任务的课堂设问策略与方法

1.新授课

（1）趣味性的设问

新授课首先要引起学生的学习热情，所以可多用趣味性较强的设问。

【案例】

学习“牛顿第一定律”时，可以用讲故事的方式设问。

在讲授“惯性”这个概念时，我曾经给学生讲过这样一个故事：有一个漂亮女士在

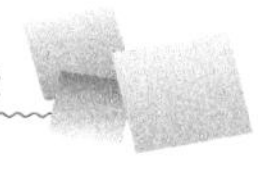

公共汽车上站着，车突然紧急刹车，这位女士被她后面的年轻小伙撞了一下，漂亮女士气呼呼地对着那个年轻人说：“啥德性啊?”年轻人笑着说：“这不是德性，是惯性。”此时，我问学生：“为何这个年轻人会撞到前面的那位女士?”学生的回答五花八门，我顺势地说：“大家学完这节课的内容就会明白啦”。

这样的设问，能使学生产生浓厚的求知欲，学习变得生动、活泼、高效。

(2) 实验设疑、解疑

【案例】

在“摩擦力”的学习中，可设计以下的学习过程：

演示实验：用弹簧秤水平拉动放在粗糙水平面上的物块，并复习“二力平衡”的原理。

提问：在物体没有运动之前，慢慢增加对弹簧秤的拉力，物体受到地面的摩擦力是哪种摩擦力？其大小如何变化？为何？物体没有运动是由于拉力小于摩擦力吗?

学情分析：大部分学生认为，物体没有运动是由于人施加的水平拉力小于摩擦力。

演示实验：继续增大对物体的拉力，物体最终会运动起来。

提问：在此过程中弹簧秤的示数变化有何特点？这个现象说明什么?

以物理实验为中心，教师设疑，学生存疑，课堂解疑的教学过程，使学生的思维处于高度集中的状态，极大地调动了学生学习的积极性。

(3) 有梯度地设问

新授课中，课堂设问要恰当把握学生的“最近发展区”，所谓“跳一跳，摘到桃”。设问不能太大太难，使学生摸不着边际，无从答起；也不能太小太易，学生不假思索就能回答，失去了设问的意义。此外，设问要考虑新旧知识的衔接和过渡。

【案例】

在学习“验证力的平行四边形”实验时，可依次设问如下：

①橡皮条的结点为何两次都要拉到同一位置?

②橡皮条的结点为何要拴两根较长的细绳套?

③用两只弹簧秤拉橡皮条时，其夹角为何不宜过大或不宜过小?

以上设问，引导学生应用所学力的合成知识，通过复习旧知识，解决新问题，有助于学生形成完整的知识体系。

2.复习课

(1) 以点带面的设问

复习课中，课堂设问要帮助学生将所学知识和规律条理化、系统化，促进知识网络的形成。在设问时，要注重从某一点出发，发散设问，将知识点“串点成线，连线成面”，即以点带面的设问。

【案例】

在复习课中，从“力”这个点出发，课堂设问可以如下：

①高中物理中有哪些常见的力？请写出它们的表达式。

②请分析以上各力，按照力的性质来分，它们都属于哪种性质的力？它们产生的原因是什么？

③哪些力是接触力？哪些力是场力？

教师还可以从力的特点等角度进行设问。

以上课堂设问，可引导学生复习与力有关的公式及相应力的产生原因、特点等重点和难点知识，在综合性的复习课中，这样的设问方式可帮助学生将知识“联网”，有较好的复习效果。

（2）层层递进的设问

在复习课中，课堂设问的主要目的之一就是帮助学生攻克难点和重点问题，深入理解所学知识。对于重要的、有难度的学习内容，可采用依次递进，一环扣一环的方式进行设问，引领学生对设问的理解逐步深入。

【案例】

关于“电场强度”的计算复习，课堂设问可以如下：

①计算电场强度的常见公式有哪些？

②这些公式对任何电场均适用，还是只适合于匀强电场？ 这样的课堂设问一方面可以帮助学生厘清思路，将所学零散的知识“串”起来；另一方面，可以对学习中容易出错、理解不到位的知识加以强化，避免认识上的偏差。

（3）围绕核心的设问

复习课中，课堂设问的面要广，跨度要大，但也不能因此而失去核心。课堂设问不能东拉西扯，而是要围绕核心，突破难点，突出重点。

【案例】

在“物体的平衡状态”的复习中，物体所受合力为零是核心，真正理解了合力为零，很多难点问题就会迎刃而解。课堂设问可以如下：

①若物体只受两个力的作用而处于平衡状态，则这两个力有何特点？

②若物体只受三个力的作用而处于平衡状态，则这三个力有何特点？

③若物体受三个以上力的作用而处于平衡状态，则这些力有何特点？

以上设问围绕的核心就是合力为零，涉及多个力的平衡等重要知识及结论。这样多

角度且围绕核心的设问，充分挖掘学生没能理解透彻的知识和原理，对于学生掌握重点和难点知识很有帮助。

3.习题课

（1）举一反三，针对同一个问题多角度变化的设问

为训练学生思维的变通性和独特性，在习题课中要采用多角度变化的设问方式。

【案例】

为了让学生充分理解“静摩擦力”的特点，课堂设问如下：

①静摩擦力的大小是一定的吗？

②静摩擦力一定是阻力吗？

③只有静止的物体才会受到静摩擦力吗？

④静摩擦力对人类而言，是有益的还是有害的？请举例说明。

在物理习题课中，围绕同一个问题举一反三，多角度变化设问，可使学生真正理解所学知识，达到事半功倍的学习效果。

（2）针对学习中的“盲点”进行设问

习题课中，要利用学生知识结构中的“盲点”进行课堂设问，对学生学习中“含糊”之处和易错之处要重点处理。让学生在处理习题的过程中，通过课堂设问进行反思，厘清模糊的认识，提高思辨能力。

【案例】

在复习“万有引力定律”时，课堂设问如下：

①放在地球表面且随地球一起转动的物体，它所受到的万有引力就是物体所受的重力吗？

②若不是，那么放在地球哪个位置的物体所受到的万有引力就是它所受到的重力？

③在空中，绕地球运动的物体所受到的万有引力就是它所受到的重力吗？为什么？

对于重力和万有引力关系的学习，学生可能存在较多理解不到位的地方。针对学生可能存在的认识盲点和知识漏洞进行课堂设问，可以促进学生对所学内容的真正理解，会使学生的认知水平有较大提高。

（3）对比设问，开拓思路

在习题课中，多采用对比设问，能让学生的思路更开阔，理解更透彻，不断提高学生解决问题的能力。

【案例】

在“磁场对运动电荷的作用力——洛伦兹力”的学习中，课堂设问如下：

①洛伦兹力大小的决定式是什么？其中速度V的含义是什么？安培力大小的决定式是什么？其中长度L的含义是什么？

②洛伦兹力的方向如何判断？安培力的方向如何判断？

③洛伦兹力对运动电荷一定做功吗？为什么？安培力对通电导体一定做功吗？为什么？

④洛伦兹力和安培力，哪个是宏观力，哪个是微观力？

这组设问，强调了在分析洛伦兹力时应特别注意的方面。例如，要计算洛伦兹力的大小时，要明确真正的有效速度是什么；要判断它的方向，一定要注意带电粒子的电性等。此外，学生通过这些课堂设问，可进一步熟悉和应用洛伦兹力和安培力。习题课中的对比设问不是单纯的就题论题，而是通过对比分析，使学生更为全面、深刻地理解所学知识，灵活应用所学知识。教师不仅要在习题课中运用对比设问，还要在其他课堂教学过程中更多地运用对比设问。

四、针对不同知识特点的设问策略与方法

1.物理概念的教学

高中物理概念部分的教学包括“运动的描述”“常见的三种性质的力”“静电场”“恒定电流”等内容。物理概念部分的学习，没有其他学习内容直观，往往比较抽象和难懂，是教师课堂教学和学生学习中的难点。因此，这部分课堂教学中的设问就要尽可能地化抽象为直观，深入浅出，分析到位。

（1）用生活中的实例进行类比设问

通常可以让学生借助熟悉的事物，学习了解一些静电场领域的抽象概念。例如，在“电势差”的学习中，因为内容陌生度较大，有些学生一时不能理解，学习非常困难。在课堂教学中，教师可多用生活实例设问引导，促使学生更好地掌握新知识。

【案例】

在学习“静电场中的电势差、电势、等势线”时，为了让学生理解“电势差、电势、等势线”这些新物理量的意义，可类比生活中的高度差、高度、等高线来进行设问：

①电场中两点之间的电势差和重力场中两点之间的高度差有何相同点？

②电场中某点的电势和重力场中某点的高度有何相同点？

③电场中等势线和重力场中的等高线有何相同点?

④课堂教学实践证明，通过这样的设问教学，学生能较好地理解“电势差、电势、等势线”这些新物理概念的含义。

【案例】

在学习“气体摩尔体积”时，可类比8个篮球和8个乒乓球来进行如下设问:

①将8个篮球和8个乒乓球按同样的方式，一个挨着一个堆放在一起，哪个总体积大？为什么？这种堆积方式类似于物质以什么状态存在时的情况？

②教室天花板的4个角落，地面的4个角落各放1个篮球，或每个角落各放1个乒乓球。8个篮球与8个乒乓球所占空间相同吗？为什么？这种放置的方式，类似于物质以什么状态存在时的情况?

通过以上设问引导，使学生可以较好地理解“气体摩尔体积”的概念，理解为什么这些规律仅适用于气体，从而为进一步学习阿伏加德罗定律及其推论等内容打好基础。

（2）触类旁通的设问

在物理概念部分的学习中，有很多学习内容和知识点之间的关系非常相似，在课堂教学中可将它们整合在一起，找出相似之处来进行设问，可达到触类旁通的教学效果。

【案例】

磁感线和电场线，知识结构基本相同。在学习电场线时，就可以利用学生初中已学过的磁感线的相关知识来进行课堂设问:

①磁感线是用来形象描述磁场强弱和方向的，那么如何用电场线形象描述电场的强弱和方向?

②磁感线是一条闭合的曲线，有头有尾，那么电场线是否也是一条闭合的曲线，有头有尾呢?

③两条磁感线不能在空间相交，为什么？两条电场线能否在空间相交，为什么?

④磁感线不是客观存在的线，那么电场线是否也不是客观存在的线呢?

利用学生已有的旧知识，将所学新知识与其逐一对照，触类旁通地设问，学生可以比较轻松地掌握学习的新内容。

（3）围绕核心问题，化繁为简的设问

物理概念部分的学习内容，知识点多，容易混淆，往往会使学生学得吃力，学得糊涂。因此，在课堂教学中，教师的设问要努力化繁为简，引导学生抓住知识的要点，厘清学习的思路。在学习的过程中，教师要教会学生运用良好的方法，以达到事倍功半的教学效果和学习效果。

【案例】

高中“静电场”的学习内容中，物理概念特别多。例如，电场强度、库仑力、电场力做功、电势能、电势、电势差等，错综复杂，学习难度大。分析教材及教学内容，我们知道，静电场有两大性质，一是对放入其中的电荷有力的性质，二是对放入其中的电荷可以做功，即具有能量的性质。静电场就是围绕电场“力”和“能”的两大性质进行研究的，所以在课堂教学中，我们可围绕如何描述两大性质进行有关设问：

①电场有强有弱，电场强度是如何描述电场的强弱和方向的？某点的场强与引入检验电荷的电性、电量有关系吗？场强为何是描述电场力的物理量？

②电场可以对电荷做功，为何就说电场具有能量的性质，并且说明电荷在电场中就具有电势能，为什么？

③由电场力做功的公式 $W=Uq$ 可知，电场力所做的功与两点间的电势差 U 有关，那么 U 是描述电场“力的性质”还是“能的性质”的物理量？

④电场中两点间的电势差 U 就等于两点的电势 φ 之差，那么电势 φ 是描述电场“力的性质”还是“能的性质”的物理量？

这组设问，围绕的是电场的两大性质——“力”和“能”。通过设问，可帮助学生深入理解许多物理概念，学习这些物理概念会比较轻松，能很好地起到化繁为简的作用。

2.物理规律、定律和定理的教学

物理规律、定律和定理的学习，与物理概念部分有所不同。这部分学习内容，表面上看比较直观，容易理解，实际上教学内容非常丰富，容量也特别大。例如，动量守恒定律，包括适用对象、守恒的条件、表达式等；对于同一定律，既需要学生定性的了解，又需要学生定量的计算。因此教师在课堂教学中，不能只是单纯地教给学生知识，还要教给学生学习的方法和思路，使学生能够高效深入地学习。

（1）明确角度进行课堂设问

在物理规律、定律和定理的学习中，课堂设问要使学生明确学习的角度。例如，在学习动量定理时，对动量定理的推导过程、内容表述、公式的表达、适用对象、适用条件、标量性和矢量性等逐一设问。在解决问题的同时，让学生明确这是学习物理规律、定律和定理的基本思路，在以后的学习中，学生就能够以此为学习的线索，有条理地了解物理规律、定律和定理的相关内容，可以帮助学生厘清物理规律、定律和定理的脉络，对所学的知识能够深入理解和掌握。

【案例】

学习“动量定理”时，可分别从以下角度进行课堂设问：

①如何利用牛顿第二定律推导动量定理？

②动量定理适用于单个物体还是多个物体组成的系统？

③动量定理的表达式是一个标量式还是矢量式？它的适用范围是什么？

④由动量定理可知，是物体所受的合外力的冲量决定了物体动量的变化，还是物体动量的变化决定了物体所受的合外力的冲量？

⑤动量定理在生产实践中有哪些应用？请举例说明。

在高中阶段，许多物理规律、定律和定理的设问角度与动量定理完全相似，即针对推导过程、内容表述、公式的表达、适用对象、适用条件、标量性和矢量性等主要方面，以此为学习的线索。因为学习线索明确，条理清楚，学生对物理定律及定理的学习，就不会陷入“死记硬背”的困境中，能够比较轻松地学习和理解物理规律、定律和定理，学习效果好；同时，这样的设问引导，能增强学生的自学能力，让他们学会整理归纳所学的知识，自我完善所学的知识体系。

（2）创设“特殊称呼”进行课堂设问

在物理定律的学习中，需熟练掌握物理规律，理解不同物理规律的含义，学生往往会因此遇到较大的困难。在课堂教学中，教师可根据相关规律的特点和要点，创设一些特殊称呼，比较直观地反映所学的内容，帮助学生克服难点，使学生对相应的物理规律和相关的重点知识了然于心。

【案例】

在学习牛顿运动定律时，课堂设问如下：

①“牛一无力定律”指的是什么定律？

②“牛二加速度定律”指的是什么定律？

③“牛三相互作用定律”指的是什么定律？

以上设问，包含了牛顿运动定律的关键点，而类似这样的称呼，对学生的学习起到了很好的引导作用。创设“特殊称呼”设问的方法，在很多物理定律内容的学习中都可以应用，这种方法能够使学生兴趣盎然，抓住所学规律的重点和要点。

（3）针对“薄弱环节”进行课堂设问

物理定律和定理的内容庞杂，知识容易混淆，容易使学生产生错误理解。在课堂教学中，教师针对可能出现的“薄弱环节”（学生容易出错的内容）进行设问，可达到强化、巩固学习成果的作用。

【案例】

在学习“动能定理和动量定理”时，因为两个定理只有一字之差，所以在应用的过程中，学生极易犯错，针对这一点，可进行如下课堂设问：

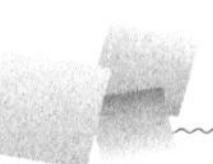

①动能和动量是同一物理量吗？同样的，动能定理和动量定理是同一定理吗？

②动能定理讲述的是物体动能的变化是由合外力对物体做功决定的，那么动量定理讲述的是什么？

③动能定理是标量式，那么动量定理也是标量式吗？

通过以上的问题处理，学生对高中阶段遇到的两个定理印象深刻，在以后的应用中就不会出错了。

【案例】

学习“牛顿运动第一定律”时，可进行以下课堂设问：

①牛顿运动第一定律讲述了几层方面的物理意义？

②牛顿运动第一定律能否看成牛顿运动第二定律的特殊情况，即物体所受合力为零？

③牛顿运动第一定律可以通过实验去验证吗？为什么？

④牛顿运动第一定律告诉我们，力是维持物体运动的原因，还是改变物体运动状态的原因？

上述问题可以帮助学生复习牛顿运动第一定律的相关知识；同时，学生对牛顿运动第一定律的了解更加深入，纠正了可能存在的错误认识。

【案例】在学习“牛顿运动第二定律”时，因为对加速度和合外力的关系不了解，学生往往会产生错误的认识。为了明确学生的认识，可进行以下课堂设问：

①牛顿运动第二定律告诉我们，是物体的加速度决定物体所受到的合力，还是物体所受到的合力决定物体的加速度？

②牛顿运动第二定律告诉我们，物体加速度的方向由哪个物理量的方向决定？

③牛顿运动第二定律告诉我们，是先有力还是先有加速度，还是两者同时产生？

④牛顿运动第二定律告诉我们，它的适用对象是单个物体还是多个物体组成的系统，还是两者都可以？

通过这样的课堂设问进行学习，可使学生正确理解牛顿运动第二定律的实质，逐步养成深入钻研的好习惯，这对于学生高中物理的学习尤为重要。

3.物理实验的教学

物理实验作为物理科学发展的生命源泉，在物理教学中具有其他教学手段无法替代的价值和作用。清晰、生动、神奇和直观的物理实验现象对激发学生的学习兴趣，调动学生开展科学探究的积极性，具有极大的吸引力和感召力。在新课程的教育理念中，物理实验不再是简单地通过实验来训练某一项实验技能、验证某个物理知识，而是要将实验融入整个物理课程实施过程中，体现物理知识更强的探究性、开放性、趣味性、整体

性和综合性。在物理实验的课堂教学中，要通过设问引领学生发展科学探究的能力，增强对科学探究的认识和理解。

（1）突出实验细节的设问

物理实验本身就蕴含着许多可探究的问题情境，如实验原理、实验条件、实验仪器、实验操作的设计、实验数据的处理、实验误差的分析及实验装置和原理的改进等，需要学生学会全面、细致地考虑这些问题。学生在完成物理实验的过程中，常会忽略一些细节问题，如仪器的安装位置，实验操作的先后顺序，操作过程中的注意事项等。对于这些问题，教师在平时的课堂教学过程中会加以提醒，但往往引不起学生应有的重视。针对这点，教师在进行实验教学时，可突出细节的设问，让学生在思考、解决这些问题的过程中，重视对物理实验全面深入的认识，有利于培养学生严谨的科学态度。

【案例】

在“验证牛顿运动第二定律”的实验教学中，在处理好常规问题的基础上，可进行以下课堂设问：

①小车应该放在光滑的木板上，还是放在粗糙的木板上？还是两者都可以放？

②在平衡小车的摩擦力时，需要挂小桶和钩码吗？小车需要连接纸带吗？打点计时器需要工作吗？

③拉动小车的细线为何要与木板平行？

④所挂小桶及钩码的质量为何要远远小于小车和砝码的质量？

通过处理这些细节问题，学生能加深对验证牛顿运动第二定律实验原理的认识，同时还能复习动力学的重要知识。

【案例】

在“探究弹力和弹簧伸长量的关系”的实验中，有许多细节问题要处理：

①实验中弹簧下端挂的钩码不要太多，以免弹簧被过分拉伸，为什么？

②实验时为何要尽量选择使用轻质的弹簧？为何要尽量多测几组实验数据？

③本实验是学生探究性的实验，实验前并不知道其规律，即弹簧的弹力与其形变量成正比，所以描点以后所做出的曲线是试探性的曲线，为何在分析了点的分布和走向以后，才能决定用直线来连接这些点？

④记录实验数据时，要注意弹簧的弹力及弹簧伸长量的对应关系及测量的物理单位，为何物理量的单位必须是国际单位？

⑤做弹簧弹力和伸长量的图线时，为何两个坐标轴选择的标度不宜过大或过小？

这些细节问题，能加深学生对本实验的理解，巩固所学知识，拓展实验设计思路，提升学生综合运用知识的能力，达到思维的升华。

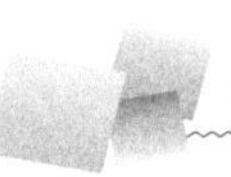

（2）探究实验原理，深入设问

物理实验教学中，教师要善于设问，通过设问引导学生在学习过程中不断钻研，深入探究实验原理，而不是仅局限于已有的实验步骤，局限于只是完成实验而已。在实验过程中，学生应不依赖于既有的方法和方案，能够打破思维定式的束缚，不断创新和改进。

【案例】

在“用油膜法估测分子直径”的实验中，可通过设问让学生对定量实验中的准确度有更为明确的认识，培养学生多问“为什么”，多探索“所以然”的良好学习习惯。

①在向盛水的浅盘中滴入油酸酒精溶液时，注射器的针头高出水面的高度应在1 cm之内，为什么？当针头靠水面很近（油酸未滴下之前）时，我们会发现针头下方的粉层已经被排开，这是为什么？

②待测油酸薄膜扩散后又会收缩，要在油酸薄膜的形状稳定后再画轮廓。油酸薄膜的轮廓扩散后又收缩，主要是哪些原因造成的？

③当重新做此实验时，将水从浅盘的一侧边缘倒出后，在浅盘的这侧边缘会残留少许油酸，可先用少量酒精进行清洗，并用脱脂棉去擦拭，然后再用清水冲洗，这样做的目的是什么？

④在盛水的浅盘中要撒痱子粉或细石膏粉的目的是什么？

⑤本实验中，为什么只能估测油酸分子直径的大小？

这组设问，一方面使学生理解油膜法估测分子直径的实验设计思路和实验操作的原理，顺利完成实验；另一方面培养学生质疑探究的精神，使他们体会找出问题，解决问题的方法，养成在学习中认真钻研的良好习惯。

【案例】

在“探究气体等温变化的规律”的实验中，可以进行以下设问：

①如何取一定质量的气体，使它的温度保持不变，而压强和体积发生变化？

②为何要在针筒的活塞上抹油，从而增加注射器的密闭性？

③为了保持气体的温度不变，为何要禁止用手握注射器？为何要缓慢推拉活塞？为何每次要等稳定后再进行有关数据的读取？

④本实验是否一定要测量空气柱的横截面积？

⑤玻璃管侧的刻度不均匀，对实验结果的可靠性是否有影响？

⑥测量气体的体积时误差主要出在哪里？怎样减小这个误差？

这些设问可以锻炼学生分析、思考问题的能力，培养学生的创造性思维及更强的实验设计能力。

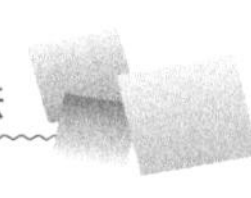

(3)“开放式”设问

开放性问题是指知识面发散，具有探索性的问题。对于开放性的问题，学生并不能完全依靠所学知识，或者模仿教师传授的某种现成方法马上回答。解决这样的问题，要求学生多方位、多角度地进行分析，善于打破常规，寻找新的解决问题的途径，使思维活动具有独创性。物理实验教学有很强的探究性、开放性、综合性，所以在实验的教学过程中，教师更容易进行“开放式”设问，引导学生大胆发表自己的见解。

【案例】

在学习“探究单摆的振动周期”时，可通过以下设问，使学生多角度思考问题。

①构成单摆的必要条件：摆线的质量要小，摆线的弹性要小，为什么？为何要选用体积小、密度大的小球作为摆球（一般选择铅球）？摆动过程中摆线的摆角为何不能超过5°？

②如何操作可以使摆球在同一竖直平面内来回摆动，而不会形成圆锥摆？

③测量单摆振动周期的常用方法有哪些？

④为何要从摆球经过平衡位置时开始计时？

⑤为何要测量单摆做多次全振动的时间来计算周期？

⑥本实验还可以采用图像法来处理数据，即用纵轴表示单摆的摆长L，用横轴表示振动周期T^2，将实验所得的数据在坐标平面上标出，应该得到一条倾斜的直线，其中这条直线斜率的物理含义是什么？

这些问题都具有一定的开放性，学生围绕形成单摆的条件，周期的测量等方面的知识，从不同的角度思考，形成不同的思路，找到不同的解决方法，对锻炼学生的思维能力是非常有益的。

五、针对课堂教学基本环节的设问策略与方法

1.基本思路

在课堂教学中，教师的设问应紧扣本节课教学的重点、难点和关键点，不能过于零碎，从而分散学习的注意力；教学用语要准确、简洁、明了，不能让学生在问题理解上产生歧义；从课堂教学整体上看，前后的设问要注意逻辑与层次的关联，以取得课堂教学目的整体累积效应。

(1) 从教材入手进行设问，激发学生的认知冲突，引导学生对所要学习的内容进行思考，激发他们学习的热情。

（2）根据教学进展和学生思维进程进行设问，设问与学生的疑问之处要相吻合，通过设问，突出重点，解决难点，突破关键点。

（3）突出重点设问，围绕重要的学习内容，设计若干个问题，层层深入，随着知识的展开，逐步揭示矛盾，解决矛盾。

（4）攻克难点设问，把难点分散成较易理解的系列问题，逐一提出，逐一解决，使难点顺利突破。

2.课的引入部分

课的引入部分的设问，主要目的是使学生很快地进入学习状态，对所要学习的内容产生兴趣，能够主动学习，积极探究。教师在课堂教学中，可以从以下方面做起。

（1）创设悬念进行设问

悬念是一种学习的心理机制，它是由学生对所学现象感到疑惑不解而又想解决它时产生的一种心理状态，对大脑皮层有强烈而持续的刺激作用。学习中的悬念，会使学生一时猜不透，想不通，又丢不开，放不下，由此引发学生的好奇心，求知欲，促使学生积极思维。在课堂教学中创设悬念设问，对于课的引入非常有效。

【案例】

在“静摩擦力”的学习中，可以用“两本书”引入设问。先演示实验：把两本书逐页交叉叠加，然后找两个人、四个人等分别用力向相反的方向去拉这两本书，我们会发现这两本书牢牢地“粘”在一起，根本无法分开。然后提出问题：

①每本书在用力拉的过程中受到的是静摩擦力还是滑动摩擦力，为什么？

②为何那么多人却无法分开相互“粘”在一起的两本书？

由这些问题引发的悬念，会使学生充满兴趣地学习有关静摩擦力的知识。

（2）“学以致用”的设问

高中物理有很多学习的内容，与工业生产、日常生活和国防科技密切相连。在课堂教学的引入设问中，把所学知识和生活实际相联系，学以致用，能很好地调动学生学习的积极性。

【案例】

在学习“电容器”时，可以进行以下设问：

①我们使用的手机，每隔一定的时间就要充电，你想没想过手机里有个怎样的元件？它是怎样充电的呢？

②继续调动学生的学习积极性：这节课学完，也许你就能亲手制作一个可以充电的仪器了。你想知道充电过程中发生的有趣物理现象吗？

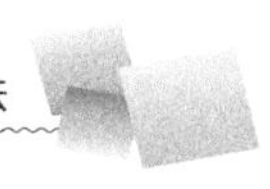

如上所述，利用学生非常熟悉的生活事例设问，增进了物理学习与学生自身的联系，增强了亲切感，使学生感到物理学习既有乐趣又实用，从而主动参与到学习活动中来。

（3）关注“热点问题”设问

对于社会“热点问题”，学生往往非常关注，深入了解的兴趣浓厚。在“宇宙航行”知识的学习中，课的引入部分若能从“黑洞”“同步卫星”“人造卫星的发射、返回”等大家普遍关注的事件中，恰当设问，会使学生的学习过程充满新鲜感，学生会主动热情地去学习。

【案例】

在学习“宇宙航行”时，可用我们经常听到的“黑洞”来设问引入：

①宇宙中的“黑洞”，真的是一个看不见的“洞”吗？

②为何是实际存在的星球，而人类却看不见？星球满足怎样的条件才可能会出现所谓的“黑洞”现象？

通过以上的问题，可以自然地调动起学生想要了解天体运动的积极性。利用物理与社会生活密不可分的联系，利用学生感兴趣的社会热点来进行课堂设问，可以引导学生应用所学物理知识来分析和解决社会生活问题，帮助学生从科学、技术与社会相互联系的视角认识物理，从课堂走向社会，增强学生的学习动力以及学生对知识的应用能力。

3.难点和重点的突破

（1）“分解”的设问

人类认识事物的过程是一个由易到难，由简单到复杂的循序渐进的过程。在课堂教学中，教师要遵循这个认知规律。对于具有一定深度和难度的学习内容，学生往往一时难以理解、领悟，学习过程中存在较大困难。教师可以采用化整为散、化难为易的方法，把一些太大或太难的问题分解开，设计成一组一组的小问题，通过逐步递进的设问，分散难度，使学生逐步地接受和理解所要学习的难点知识。

【案例】

在学习“牛顿运动定律的应用”时，如果直接提出“用牛顿运动定律如何解决实际问题？”这样的问题，显然问题太复杂，学生一时难以做出分析和判断。教师可以将这个问题分解成一系列的小问题，逐一提出：

①解决动力学问题，先要确定研究对象，研究对象一定是单个物体？

②对研究对象进行受力分析时，一般的顺序是什么？特别要注意哪些问题？

③为何要分析物体的不同运动过程及每个过程的运动情况？

④为何一般把物体所受到的力要沿运动方向和垂直运动的方向进行正交分解？沿其

他方向分解可以吗？

⑤若物体做匀变速直线运动，则涉及哪些运动学物理量和基本公式？哪个定律是联系力和运动的桥梁？

这组设问将解决动力学的知识点进行了分解，将问题的难度分散，增加了设问的直观性和具体性，能使学生顺利理解和掌握相关的过程及规律。在这样的学习过程中，学生可以领悟到解决复杂问题的基本方法，培养学生的学习能力；同时，这种将难点问题分解开，设置成系列问题，逐一解决的学习方法，对于学生真正掌握所学内容，增强学习的自信心也是非常有益的。

（2）适当运用生动、形象的比喻设问

在高中物理的学习中，有比较抽象的概念，比较难以理解的理论，对于这样的学习内容，可以运用“打比方”的方式，生动、形象地进行设问，帮助学生轻松学习，顺利掌握所学内容。

【案例】

在学习“速度的合成”时，总有一些学生对合速度的含义不甚了解，会产生类似于“合速度一定大于分速度”这样的错误认识。教师在课堂教学中，可以这样进行设问：

①若一个小球在无风的环境下，在光滑水平面向前滚动的速度为5 m/s，那么若风的速度也为5 m/s，则小球沿不同的方向滚动，其相对地面的速度一样吗？

②小球向哪个方向滚动，其相对地面的速度最大，最大速度是多少？小球沿哪个方向滚动，其相对地面的速度最小，最小速度是多少？

这样的课堂设问，能使学生在会心的笑声中，想明白道理。在高中物理的学习中，很多疑难问题都可以这样“打比方”进行设问，引导学生顺利攻克难点。

（3）推理探究设问

课堂教学中遇到难点问题时，一方面，教师要想方设法消除学生的畏难情绪，增强学生的学习信心；另一方面，要利用这些学习难点，进行推理探究的设问，培养学生的思维能力和学习能力。

【案例】

“自由落体运动”的知识是高中物理教学中的难点，为了让学生深入理解轻、重物体下落一样快，教师手拿完全一样的两张纸，可这样进行课堂设问：

①如何处理两张纸，可以展示重的物体下落快？

②如何处理两张纸，可以展示轻的物体下落快？

③如何处理两张纸，可以展示轻、重的物体下落一样快？

④请根据实验现象，说明物体下落快慢与质量有关。

⑤若物体下落快慢与质量无关，那么影响物体下落快慢的因素是什么？

⑥假设没有任何空气阻力，则轻、重物体下落得快慢有何特点？如何验证这个猜想？

这组设问，从轻、重物体下落的实验事实，推理物体下落快慢的实质，再推理物体下落快慢的规律。设问引导了整个推理分析的过程，学生通过这些问题，理解了轻、重物体下落快慢的难点问题。

4.课堂小结的设问

课堂小结是一个很重要的教学环节，但常因为时间紧张等缘故，会被轻描淡写地一带而过，甚至被忽略掉。实际上，课堂小结环节应当引起教师的足够重视，其对于学生进行知识的巩固，体系化、结构化起着不可替代的作用。用恰当设问引导的课堂小结，能对学生所学的内容加以提炼和升华，对于课堂教学和学习效果能起到很好的促进作用。

（1）“画龙点睛”的设问

在课堂小结中，设问要提炼出课堂所学知识的“精华”部分，把握重点，要对学生把握重点起到“点睛”的作用。

【案例】

“摩擦力”的课堂小结，可以设计如下设问：

①只有静止的物体才受到静摩擦力，只有运动的物体才受到滑动摩擦力，为什么？

②静摩擦力、滑动摩擦力一定是阻力吗？它们到底阻碍的是什么？

③两个物体之间有相互挤压的弹力，它们之间一定有摩擦力吗？两个物体之间有摩擦力，它们之间一定有相互挤压的弹力吗？

④两个物体之间相互挤压的弹力越大，它们之间的摩擦力一定越大吗？

⑤摩擦力的方向可以和物体运动的方向相同吗？摩擦力的方向可以和物体运动的方向垂直吗？

以上设问，既涉及知识框架，又突出重点和难点，可以使学生对摩擦力的知识有进一步的认识和理解，对重点知识做到心中有数。

（2）知识应用设问

中学物理教材中有大量与日常生活和生产相联系的学习内容。在课堂小结部分，教师可根据教学需要，选择学生亲身体验过的、应用于生活实际中的物理知识进行设问。这样不仅可以让学生把课堂学到的理论知识与实际问题联系起来，学以致用，而且对所学的知识也有很好的巩固作用。

【案例】

学习“圆周运动的实例”后，可进行以下课堂设问：

①你见过的桥面有平面的、凸面的和凹面的吗？

②大型的承重桥为何一般要造成“拱形桥”？

③大型的承重桥为何不设计为“凹形桥”？

这些设问涵盖了圆周运动动力学的重要原理，引导学生用所学知识解释桥面的形状等熟悉的生活现象，认识生活中的一些问题。在这样的学习过程中，学生的成就感会油然而生，以浓厚的兴趣学习和钻研。

（3）激发学生自主学习的设问

设问不仅可以引领学生的学习过程，也可以促使学生的自主学习。在课堂小结部分，通过设问，要能使学生进一步发现问题，运用所学知识积极解决问题，这样才能促使学生对所学知识加以升华，主动构建知识网络，养成“善总结、细回顾”的良好学习习惯。

【案例】

在“静电感应现象”的学习中，课堂小结环节可进行以下设问：

①高层建筑的顶部都有一个金属杆做的避雷针，其工作原理是什么？

②家里传递电视信号的闭路线，为何是一圈的金属网线包裹着一根较粗的金属线？

③油罐车的尾部为何拖着一条与地面接触的铁链？

④在电学实验室中，为何精密的仪器要放在一个金属网罩里？

⑤在高压输电的过程中，一般有三根输电线，为何其中一根在最上面，两根在最下面且呈三角形？

这组设问在课本上没有现成的答案，但它又与所学知识有着密切的联系。学生在原有的学习基础上，通过各种方式探讨、研究、学习，以问题为引导，可进行自主学习；同时，学生能够进一步了解物理知识在生活中的广泛应用，增强学习中的主动性。

创设有效设问的策略与方法

一、对有效设问的认识

课堂教学中的设问，从产生的效果而言，有些对教学真正起到了推动作用，是有效设问；而有些课堂教学中的设问，不仅没能发挥设问应有的作用，而且无形中浪费了教学时间，分散了学生的注意力和精力，会对课堂教学产生不好的影响，是无效的设问。因此，课堂教学中的设问，能否产生我们预期的效果，是教师进行课堂教学设计时就要考虑到的。怎样的课堂设问才是有效的？评判的依据是什么？怎样才能做到课堂教学设问的高效？若出现无效设问，如何依据课堂教学的实际情况进行转化？这些问题的思考和解决，对于高中物理的课堂教学有着非常重要的实践意义，是值得我们在课堂教学中不断研究探讨和改进提高的。

1.有效设问

在课堂教学中，要特别重视设问的有效性，这样才能使设问发挥应有的作用。什么是有效的课堂设问呢？判断课堂设问是否有效，关键要看学生对所设问题是否感兴趣，是否能通过设问引导学生积极主动地参与问题解决的学习活动，设问能否有效地激发学生的思维。创设课堂的有效设问，要求教师要深入研究教材，在课堂教学中精心设疑布阵，善于运用问题推进课堂教学，通过设问使学生在学习过程中勤于思考；同时，教师还要指导学生多问善问，善于联想，善于对比思考，遇到问题时，能够积极设想种种解决方案。借助有效的课堂设问，能使一系列复杂的心理活动在学生的大脑中展开，在学习中逐步形成开放式和探索性的思维。

2.课堂有效设问的设计要求

要使课堂教学中设问成为有效设问，教师对设问的设计要求应明确以下几个方面：

（1）课堂设问所用的方法和手段要生动直观。

（2）课堂设问要具有启发性。

（3）课堂设问要难易适度。

（4）课堂设问要有适当的梯度。

（5）课堂设问要具有一定的开放性。

（6）课堂设问要具有适度的延伸性。

（7）课堂设问要将智力因素和非智力因素有机结合。

3.把握好课堂设问的时机和效果

要形成有效的课堂设问，教师还需在课堂教学中把握好设问的时机，把握好设问所产生的效果。应纠正课堂设问过于重复、烦琐而使教学效率低下的情况，也应避免为了追求“新、奇、特”，而使设问严重偏离课堂教学目标，从而影响课堂教学进程的现象。课堂教学中，必须注重设问对教学活动所产生的实际效果，提高教学的有效性。课堂教学中，在哪些节点可以设问呢？现总结如下：

（1）引入新课时进行课堂设问。

（2）突破重、难点时进行课堂设问。

（3）在学生有思维误区时进行课堂设问。

（4）在解决疑难问题时进行课堂设问。

（5）在进行知识的强化综合时进行课堂设问。

（6）在出现意外实验现象时进行课堂设问。

（7）在新课结束时进行课堂设问。

4.课堂有效设问的注意事项

创设课堂有效设问，需做到设问的科学性，难易适度等方面。课堂有效设问要注意以下几点：

（1）课堂设问必须是针对学生确实感到困惑，感觉困难的学习内容，这样的问题对课堂教学才有真正的意义。学生对所学知识，不知道“是什么”“为什么”“怎么办”时，设问帮助他们答疑解惑。课堂教学中要避免在不需要时进行设问，这样的课堂设问只能是走形式，对课堂教学无任何意义，甚至会影响课堂教学的进程和效果。

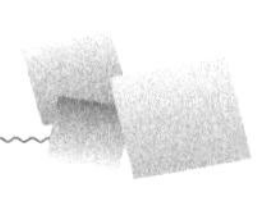

（2）要恰当把握问题的内涵，要做到这一点，应要求教师充分了解学情，熟悉课堂教学内容的体系和结构，从而明确问题的指向性。课堂设问不能太大、太空，使学生无从思考，无以回答；课堂设问也不能过于简单，不能在设问的过程中有给出答案的暗示，导致学生不假思索就能回答，失去课堂设问的真正意义。

（3）在课堂教学中，对于具有一定难度和深度的学习内容，设问时应分散难点，设计有层次、有梯度的系列问题；同时，要考虑问题的衔接和过渡，用组合铺垫或设计台阶等方法，进行问题的优化，从而提高课堂设问的整体效果。

二、创设课堂有效设问对教师的几点要求

1.教师要重视设问的思维价值

在高中物理的课堂教学中，培养和提高学生的思维能力，是重要的教学目标之一；而要实现这个教学目标，设问是重要的方法和途径。因而，教师要重视课堂教学中的设问，认真研究教学，钻研教材，从教材出发，着眼于学生思维能力的提高，提出有思维价值的问题。通过循序渐进地学习和日积月累地积淀，对学生的学习能力、思维能力和全面发展产生良好的影响。

教师对设问是否有思维价值要能准确地进行判断，要有充分的认识，努力在课堂教学中提出有思维价值的问题。教师要对课堂设问有正确的认识，避免课堂中的设问没有任何思考性。一段时间以来，在课堂教学中，尤其是公开课中，有些教师在有意或无意地制造貌似气氛活跃，实则是“虚假热闹”的“作秀”课堂。在课堂教学中，他们会提出一连串的问题，让学生一个一个地回答，感觉学生的课堂参与度很高。但细究起来，有些课堂设问对教学没有起到应有的促进作用，有的设问是“为了提问而提问”。有些问题，学生不需要经过认真的思考，轻而易举就可以解决。学生表面上在解决问题，但对思维能力的培养和提高作用不大。长此以往，学生对解决问题会失去热情，参与课堂活动的积极性降低，课堂教学中设问的意义和作用也就不能得到充分的体现和发挥。因此，教师在课堂中应提出具有一定思维价值的问题。那么，什么是有思维价值的问题呢？有思维价值的问题就是具有思考性的问题，学生要经过认真考虑、分析和研究才能解决的问题。通过这些设问，能促进学生对所学知识有更深入的理解，能激发学生更多的学习热情，能让学生在学习的过程中体会更多探索知识、获得知识的喜悦。这样的设问才是真正意义上的课堂设问，才能对课堂教学起到积极的作用。

【案例】

在“宇宙航行”知识的学习中，对于人造卫星运动的轨道特点，可以进行以下设问：

①人造卫星为何会绕地球运动?

②既然人造卫星受到地球的万有引力，为何它没有落到地球上?

③若人造卫星绕地球做匀速圆周运动，则其圆心在哪个位置？若人造卫星绕地球做椭圆运动，则其焦点在哪个位置？判断的依据是什么?

④能否发射一颗只在北半球或南半球绕地球做圆周运动的人造卫星？为什么?

解决这些问题，学生必须思考两个方面的知识：一是人造卫星绕地球运动，总有“离心”的现象，但由于受到地球万有引力的作用，它只能绕地球做圆周运动或椭圆运动，即人造卫星绕地球运动是由万有引力和离心力共同作用的结果。二是依据开普勒第一定律，若人造卫星绕地球做匀速圆周运动，则其圆心一定在地心；若人造卫星绕地球做椭圆运动，则其中一个焦点一定也在地心，所以不可能发射一颗只在北半球或南半球绕地球做圆周运动的人造卫星。

通过这样的学习过程，学生的思维才不会停留在知识的表层上，学生会逐步养成深入思考的好习惯，在学习的过程中其学习能力和思维能力才会得到不断的提高。

2.教师要重视课堂设问意识的培养

在课堂教学过程中，教师必须具备问题意识，加强课堂设问意识的培养。教师如果满足于传统的“我讲你听”的教学方式，在教学中墨守成规，对高效课堂的形成、培养和发展学生的思维能力都是不利的。在课堂教学中，要通过有思维价值的问题来推进课堂教学和学生的学习进程，提高学生各方面的能力。这就要求教师具备相应的设问能力，而这种能力的培养是教师加强设问意识的先决条件，设问意识又取决于教师对课堂教学观念的转变和改进。作为教师特别是老教师，不能因为所谓的教学经验故步自封，使自己的课堂教学能力和教学水平处于停滞不前的状态，而是要不断学习新知识，不断接受新理念。在高中物理的课堂教学中，教师要勇于运用新的教学理念，改变旧的教学思想，改进落后的教学模式。从课堂教学实际出发，运用更适合课堂教学的方式和方法，以期达到更好的课堂教学效果。各种针对教师的培训和学习，是转变教师教学思想和观念的最好契机和平台。教师在与大家共同学习的过程中，不仅有课堂教学经验的互动交流，也有创新理念的相互渗透。在相互促进中，教师转变教学思想，改进教学观念，以更好的方法推进课堂教学。总之，教师要树立不断学习的观念，要有改进教学的进取心，在教学中努力学习，培养自己的新课程理念，加强课堂教学中的设问意识，这样才能在课堂教学中不断创设有效设问，使设问真正成为课堂教学的推动力。

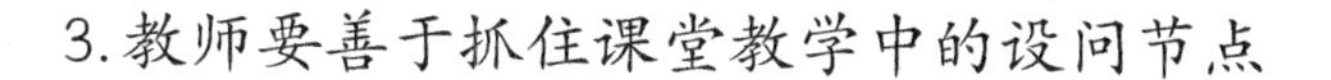

3.教师要善于抓住课堂教学中的设问节点

在高中物理的课堂教学中，教师要善于抓住相应的节点进行设问。设问有哪些重要的节点呢？课的引入部分，就是设问的一个重要节点。很多时候，教师在引课时可以恰当地运用问题，创设教学情境，激发学生对学习内容的热情。在课堂中，展示相关的现象或事实，提供需要思考解决的问题，引起学生的认知矛盾，激发学生的求知欲望，对于更好地展开教学非常有利。

【案例】

学习固体、液体和物态变化中的“浸润和不浸润”时，可以提出如下的问题：

①日常生活中用的酱油，为何一般装在塑料瓶里而不是玻璃瓶里？

②为何游禽经常用嘴把油脂涂到自己的羽毛上？

所有这些现象，都和我们所要学习的“浸润和不浸润”相关。这些问题出自学生非常贴近的生活经验，学生急于对熟悉的现象给出合理的解释，带着好奇心进入学习，能够顺利完成“浸润和不浸润”的学习。

此外，课堂教学中重点和难点的学习内容，也是设问的节点。在课堂教学中，教师以问题的形式，把所要学习的重点和难点知识层次清晰地呈现出来，学生通过自主学习、小组合作学习、探究讨论学习等方式，逐步解决问题，能够顺利克服学习中的困难。

【案例】

在“分子间作用力”的学习中，对于分子间作用力的特点，可进行以下课堂设问：

①分子之间的引力和斥力是单独存在还是同时存在？

②为何分子之间既存在引力又存在斥力？

③分子之间距离增大，引力和斥力是同时减小吗？哪种力减小得更快？

④当分子之间的距离是多少时，引力和斥力大小相等？

⑤当分子之间的距离增大时，分子力如何变化？是单调的变化吗？

分子力的变化特点，是学生学习分子动理论知识的难点。在学习过程中，学生解决和理解了以上的问题，对于分子力的变化特点就可以做到心中有数，这个学习中的难点就能被攻克。

此外，课堂小结部分也是设问的重要节点。在课堂小结部分，如果设问得当，能起到提纲挈领和升华所学知识的作用，能很好地帮助学生回顾反思，深入理解所学知识。

【案例】

在学习“高压输电”时，可以进行以下课堂设问：

①铁在自然界的含量较高，为什么在生产和生活中大量使用铜或铝作为导线？

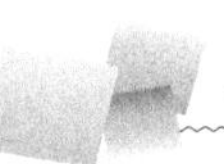

②在常见的金属中，银的电阻率最小，为何远距离输电不用银作为输电线?

③既然导体的电阻与横截面积成反比，那高压输电线为何不是越粗越好?

④为何高压输电是最有效的减少电能损失的方法?

理解清楚这些问题，学生能在课堂学习的基础上，进一步认识在输送电的过程中，造成电能损失的原因，理解为了减小电能损失而采用的措施等。学生将所学知识运用于解决生活实际中的问题，可以更多地激发学生学习物理知识的热情，更顺利地进行高中物理的学习。

4.教师对设问的基本方法和方式的掌握

在高中物理的课堂教学中，能恰当地设置问题，创设高效有效的教学过程，教师要有相应的教学能力，掌握相应的方法和思路。一方面，教师要有深厚的学科素养，要有足够的生活经验，还要有将学科知识和生活现象联系起来的想法和能力；另一方面，教师要掌握课堂设问的角度和方式方法。例如，按照这样的顺序设问，“是什么?”“为什么?”“只能这样吗?”“如果改变一个条件会怎么样?”等。对于每一位物理老师而言，如果能够真正重视课堂教学中的设问，认真研究教材，充分了解学生，运用以上的方式和方法不断地进行深入设问，就能自然而然地引导学生对学习的内容进行扩充和深入。

【案例】

在“电容器和电容”的学习中，可以进行以下课堂设问:

①电容的真正含义是什么?

②一个电容器所能够容纳的电荷越多，说明其电容越大吗？为什么?

③电容是反应电容器容纳电荷本领的物理量，如何理解“本领”？请举例说明。

④同一个电容器，其电容由哪些因素决定？为何与这些因素有关系?

对以上的设问，可以使学生真正理解电容的物理含义，而不是停留在电容的两个公式上。在这个过程中，对于“电容是反映电容器容纳电荷本领的物理量”会有比较明确的认识，对于电容变化的应用也能有一定的掌握。在学习很多物理概念和物理规律时，教师可按照以上的方式设问，能较好地推动课堂教学进程。

三、设问过程中对学生的角色定位与分析

传统的课堂教学方式，过于强调教师的主导作用，对于学生是学习的主体过于弱化。“我讲你听”的传统教学方式，也引发了较多争议，存在着不利于学生能力发展的问题。而分析近几年流行的各种教学模式和方法，有些又过于强调学生的主体地位，对于教师

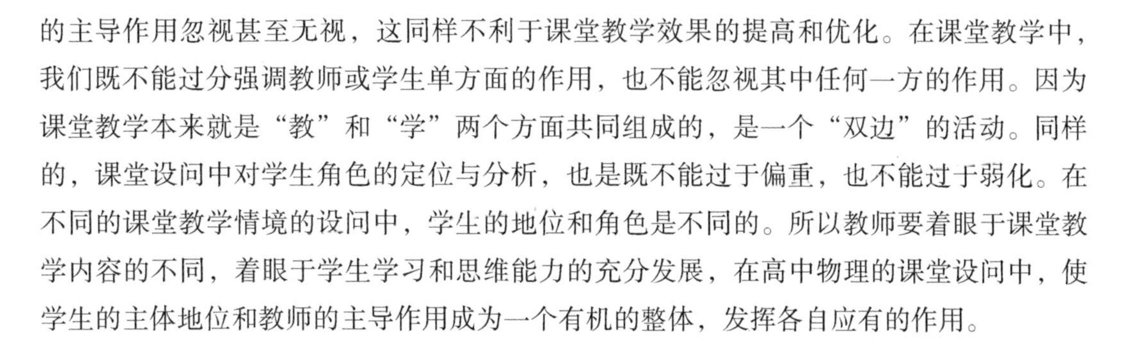
的主导作用忽视甚至无视，这同样不利于课堂教学效果的提高和优化。在课堂教学中，我们既不能过分强调教师或学生单方面的作用，也不能忽视其中任何一方的作用。因为课堂教学本来就是“教”和“学”两个方面共同组成的，是一个“双边”的活动。同样的，课堂设问中对学生角色的定位与分析，也是既不能过于偏重，也不能过于弱化。在不同的课堂教学情境的设问中，学生的地位和角色是不同的。所以教师要着眼于课堂教学内容的不同，着眼于学生学习和思维能力的充分发展，在高中物理的课堂设问中，使学生的主体地位和教师的主导作用成为一个有机的整体，发挥各自应有的作用。

1.学生主体地位的体现

在课堂教学中，有些学习内容适合让学生自己找出问题，主动设问。源自学生的问题，更有针对性，更能反映出学生在学习中存在的实际困难，也更符合学生的认知水平。教师对待来自学生的问题时，首先要重视，不能忽视甚至忽略，挫伤学生的学习积极性；其次要能很好地运用这些“意料之外”的问题，使其充分发挥对课堂教学的推动和拓展作用。

【案例】

《物理选修3-1》（人教版）电场线。

〖教师引导〗

请大家先阅读电场线的相关内容，然后对电场线特点的认识提出问题。

〖学生提问〗

学生提出了以下教师“意料之中”的问题：

①电场线是为了描述电场而引入的一条条有方向的曲线，但它真实存在吗？

②如何利用电场线判断电场的强弱和方向？

③两条电场线在没有电荷的地方可以相交吗？为什么？

在学生提问的过程中，也出现了教师“意料之外”的问题：

在初中物理的学习中，我们知道磁感线是无头无尾的闭合曲线，那么电场线也是无头无尾的闭合曲线吗？

〖课堂进程〗

教师在处理其他问题之后，对学生提出的“意料之外”的问题并没有忽略，而是以这个问题为基础，又提出了以下问题与学生讨论、学习：

①电场线既然是无头无尾的非闭合曲线，那么它从何处出发，到何处终止？请举例说明。

②电场线既然不是真实存在的线，那为何要引入它？

③电场线和磁感线有哪些方面是相同的？有哪些方面是不同的？

〖反思〗

本节课中“意料之外”的问题，由于得到了教师的重视，并进行了适当的拓展，对学生的学习起到了很好的引导作用。通过对这个问题的分析讨论，学生对电场线进行了进一步学习。例如，电场线是从正电荷或无穷远出发，到负电荷或无穷远结束的无头无尾的非闭合曲线等。这个源自学生的“意料之外”的问题，针对性更强，对大多数同学而言，这同样是他们学习中的困惑之处。学生对他们自己提出的问题，往往学习和探究的兴趣更加浓厚，课堂教学和学习的效果更好。

正如以上的教学实例所体现的，教师在设问的过程中，可以“放手”让学生自主发问，不要拘泥于课堂教学中的问题，要来自教师的提前“预设”。能够提出自己的问题，意味着学生在独立思考，学习的自主性强，他们在学习中的主体地位就能得到充分的体现。教师对学生提出的问题，无论是“意料之中”的问题，还是“意料之外”的问题，应该同样尊重，同样重视，尤其是遇到学生提出“意料之外”的问题时，更要从学生的认知水平等角度认真分析，找出这些问题出现的原因。从学生的知识水平和学习能力出发，适时适度地加以合理利用，解惑释疑，树立学生学习的信心，增强学生学习的主动性。

2.学生的主体地位离不开教师的主导作用

对于课堂教学过程中的设问，要突出学生的主体地位，促使学生主动提出问题；同时，也要重视教师的课堂设问。教师要加强对教材的研究，加深对学生认知水平和学习能力的了解，对课堂教学中的设问要精心设计。在课堂教学中的设问，教师的主导作用同样重要，教学中学生的主体地位离不开教师的主导作用。很多时候，教师的设问，对于展开课堂教学流程，拓展课堂教学的广度和深度，丰富教学内容，会起到更积极的重要作用。因为教师对于所要学习的内容，有着更为全面的了解，更为深刻的认识，所以对课堂教学流程有着更主动的把握和掌控能力。

【案例】

匀变速直线运动过程中“物体加速度a的计算”的教学。

〖教学内容分析〗

匀变速直线运动过程中加速度a的计算，对于学生而言是学习的难点，也是重点。学习内容涉及的知识面比较宽泛，有关于物体的受力分析，画出物体受力的示意图，把物体受到的力进行正交分解等，这些内容都与加速度a的计算有着密切的联系。

〖教学策略〗

在课堂教学过程中，要拓展教学的广度，挖掘教学的深度，对知识进行“深加工”。

通过问题的设置，让学生理解相关知识间内在的、实质的联系，培养学生思维的深度。通过问题的解决，促使学生对知识深入了解，促进学生学习能力的提高。

〖教学方法〗

在课堂教学中，教师要通过精心的设问，对学习的内容进行层层拓展，逐步延伸。以匀变速直线运动过程中“物体加速度a的计算”为主线，应用受力分析和力的正交分解等相关知识，抓住重点，克服难点，使学生学会方法，形成知识网络，掌握处理问题的思路和方法。

〖提出问题〗

典型例题：一个物体放在粗糙的斜面上加速下滑，求它下滑的加速度a是多少？

通过设问，对以上例题进行分析：

①物体在下滑过程受到哪些外力的作用？

②物体沿哪个方向运动？其加速度的方向沿哪个方向？物体做何种运动？

③由牛顿运动第二定律可知，什么是力的独立性？要计算物体的加速度，必须先计算出哪个物理量？

④为何要将物体所受到的三个力沿斜面方向和垂直斜面方向进行正交分解？沿水平方向和竖直方向分解可以吗？

⑤请思考：在关于“物体加速度a的计算”中，我们常把物体受到的所有外力沿哪些方向进行正交分解？为什么？

〖教学反思〗

通过教师精心设置的这些问题的引导，围绕所要学习内容的主线索，学生在学习中充分利用了已有知识，较好地掌握了物体在匀变速直线运动中“物体加速度a的计算”的基本方法和技巧；同时，运用等效代替等物理思想认识了力的分解或合成的原则，这些思想和方法对以后的物理学习也是很有益处的。在课堂教学设问的引领下，学生不断地思考，学习能力也能得到提高。

以上教学案例充分说明在课堂教学设问的过程中，教师主导作用的重要性。匀变速直线运动过程中“物体加速度a的计算”，这样的学习内容是具有难度和深度的，教学中如果仅仅依靠学生的自主发问，是很难挖掘到相关知识的实质和内在联系的。这是因为学生对所学内容陌生度大，对知识脉络不能充分了解，深入理解，认识具有一定的局限性。而作为教师，能够统观全局，熟知应该强化和重点突破的学习内容。因而，教师在课堂中的设问，能对课堂教学和学习过程起到更有效的引导作用。重视教师在课堂中的设问，强调来自教师的问题，并不会影响学生的学习主体地位。实际上，在教师精心设问的有效主导下，学生的主体地位能得到更为充分的体现。

3.课堂设问过程中对学生角色的准确定位

在课堂设问的过程中，学生的主体地位与教师的主导作用并不矛盾，而是相辅相成的。如何做到在课堂设问的过程中对学生角色的准确定位，从而能更好地发挥设问对课堂教学的引导和推动作用，明确课堂教学的目标是非常重要的。因为所有的课堂教学行为，归根结底，都源于课堂教学的目标，源于课堂教学思想。在高中物理的课堂教学中，教师不能满足于完成教学预设，满足于让学生知道问题的答案，培养所谓的“聪明”学生；而是应该树立长远的课堂教学目标，重视对学生能力的培养，关注学生思维的发展和提高。在课堂教学中，教师要努力创设向外“辐射”的生成型课堂，培养“智慧”的学生。教师要善于运用多种教学的方式和方法，致力于培养学生发现问题，提出问题，探究问题，解决问题的能力。也就是说，高中物理课堂教学，注重的不仅仅是教会学生知识，更要重视培养学生的各种能力和素养。要着眼于对学生思维品质的培养，让学生主动参与到课堂教学过程中，循序渐进，强化学生的问题意识，逐步提高学生的学习能力。总之，培养“智慧”的学生，应该是我们真正的课堂教学目标。有了这样的教学目标，教师才能在课堂教学和设问的过程中，对学生角色准确定位。在课堂教学中，教师应处处以学生的发展为核心，通过各种方式，促使学生多思、多问、多主动探究，以更好地达到课堂教学的目标。

四、对高中物理课堂设问的思路与方法的探索

在课堂教学中，提出问题，解决问题是很重要的环节和内容。一方面，提出的问题是课堂教学的线索，推动着教学的进程；另一方面，解决问题是学生获得知识，发展能力的过程。好的问题，能激发学生的学习热情，激励学生不断思考，使学生更加明确学习的目标；课堂教学中，对于课堂设问的思路和方法，教师应当非常重视，潜心研究，总结出好的方法和思路，能够在课堂教学过程中设置恰当有效的问题，达到以问题促教学，以问题促进学生发展的良好教学效果。

1.拓宽高中物理教学中问题的来源

在高中物理教学过程中，我们需要拓宽问题的来源，能够多渠道、多角度、多方法地进行课堂设问。这样才能提出有效的问题，高质量的问题，才能真正促进课堂教学的问题。在课堂设问中，我们不仅要挖掘现有的教材，还要研究学生，更要钻研教学方法。教师要明了课堂设问的重要性，不断地培养和加强设问的习惯和能力，从而使课堂设问

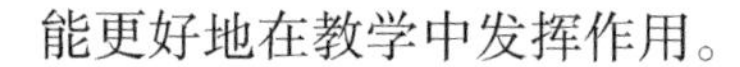

能更好地在教学中发挥作用。

（1）挖掘教材进行设问

教材是课堂教学之本，同样也是课堂设问之本。我们若能对教材进行仔细研究，深入挖掘，就能提出高质量的问题进行课堂教学，加深学生对知识的理解。例如，在高中物理教学中，有很多关于基本概念的学习内容，对于这些基本概念的课堂设问，教师不要满足于问学生“是什么”，而是要引导学生深入思考“为什么”“怎样理解”等，这样才会收到更好的课堂教学效果和学习效果。

【案例】

对“核反应方程”的学习和理解。

〖学情分析〗

高中物理教材上给出了关于“核反应方程”的概念，但在课堂教学中，若我们只是“照本宣科”地原样教给学生，许多学生会似懂非懂，对核反应方程不能很好地理解。教师可进行以下设问，让学生加深对此概念的理解和掌握。

①既然是核反应方程，为何反应前后的原子核不用“等号”去连接而是用“箭头”？

②在任何核反应的过程中，是质量数守恒还是质量守恒？或是都守恒？

③核反应有哪些类型？如何判断核反应的类型？请举例说明。

④如何判断核反应过程是吸热还是放热？

对于以上的设问，若能逐一分析理解，学生对于核反应方程就能够有较为深入的理解和认识。挖掘教材概念中的内涵，进行深层次的设问，对于攻克学习难点是非常有帮助的。

在高中物理的学习中，很多概念若只从字面上泛泛了解，学生对学习内容的理解和掌握就会非常有限。因此，作为教师，必须认真研究和钻研课本教材，善于挖掘每个概念的内涵和外延，从而设置出恰当的问题，化难为易，以帮助学生深入学习。

（2）研究学生进行设问

教师在备课的过程中，研究学情是重要的内容和任务。同样，在高中物理的教学中，设问也要从学生的认知水平和学习能力出发，才能做到问题难度适宜，梯度合理，可以充分发挥教学中问题的引导和促进作用。因此，教师要认真研究学情，巧妙结合所学内容，努力设置出更为符合课堂教学要求的问题。

【案例】

电能的输送知识中对“高压”的理解。

〖学情分析〗

①学生要对“电流通过输电线时会产生热量，由焦耳定律 $Q=I^2Rt$ 可得，输电线中的

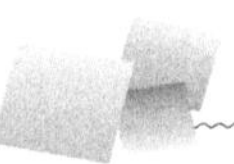

电流越小，产生的热量就少，损失的电能也就越少”有所了解。

②学生要对“根据欧姆定律$I=U/R$可知，在电阻一定时，电压越高，电流越大，损失的电能也越多”有所认识。

③电能的输送过程为何采用“高压”输电，大部分学生可能知道有这回事，但原因不甚了解。

针对以上的学情，对于“高压”这个重要的物理知识，可以设置下列问题：

①电流通过输电线时会产生热量，由焦耳定律$Q=I^2Rt$可知，有哪些措施可以减少电能在输电线上的损失？

②由焦耳定律$Q=I^2Rt$可知，通过减小输电线中的电流、减小输电线的电阻和减少通电时间都可以减小电能在输送过程的损耗，但哪些措施是可行的，而哪些举措是不可行？为什么？

③由电阻定律可知，要减小输电线的电阻，可以采用哪些措施？哪些措施是可行的，哪些措施是不可行的？为什么？

④由欧姆定律$I=U/R$可知，“在输电线电阻一定时，电压越高，电流越大，损失的电能也越多”，这个结论是正确的吗？为什么？

⑤一个电站建好后，其最大输出功率P是一定的，则由$I=P/U$可知，要使输电线中的电流减小，为何要采用高压输电？若输送电压提高10倍，则损失的热功率是减少10倍还是100倍？其判断依据是什么？

以上问题，密切结合学情，是针对学生可能存在的认知盲点和认知弱点进行的课堂设问，因而对这些问题的分析讨论，达到了“有的放矢”的教学效果。由此教师要充分地认识到，在课堂设问时要认真思考学生之所需，学生之所困，设置出针对性强的好问题，才能更充分地发挥课堂设问的作用。

（3）针对物理实验方法进行设问

物理是以实验为基础的学科，实验教学是高中物理的重要教学和学习内容。对于物理实验，常有多种方案需要学生做出分析、判断和选择，所以利用物理实验进行设问，是高中物理教学中培养学生分析问题和解决问题能力的一个重要途径。利用物理以实验为主的学科特点，教师可以通过讨论研究实验方法进行设问，帮助学生更好地运用所学知识解决问题。

【案例】

以“电压表、电流表测未知电阻的阻值”为例。在伏安法测未知电阻的实验中，若待测电阻R_x大约为200 Ω，已知某电压表V的内阻大约为2 kΩ，电流表A的内阻大约为10 Ω，滑动变阻器的阻值为20 Ω，现要比较精确地测出未知电阻的阻值，讨论研究

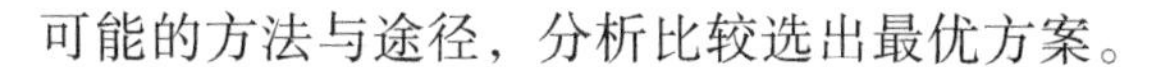

可能的方法与途径，分析比较选出最优方案。

教师可以进行以下设问：

①滑动变阻器应该采用限流式还是分压式的接法，为什么？请分别画出两种接法的电路图。

②电流表应该采用内接法还是外接法？这种接法的测量值比真实值偏大还是偏小？为什么？

③分析对比以上两种接法，在实验操作方面哪种接法最佳？

④综合考虑，请画出最佳的实验电路原理图。

物理实验操作遵循的原则有可行性、简约性等，从物理实验方法的设计和选择等方面加强设问，培养学生思维的深刻性和严谨性，是有利于高中物理课堂教学的良好途径和方法。教师如果能在物理实验教学方面对课堂设问加以重视和研究，设置出很多有利于课堂教学和学生发展的好问题，这样不仅能顺利地进行物理实验教学，而且对于学生更全面地认识高中物理也非常有利。

2.抓好设问的时机

在高中物理的课堂教学中，能够设置出高质量的、具有思考性的好问题，对于教师的教和学生的学都是非常重要的。所以教师不仅要拓宽设问的来源，还要抓好设问的时机，做到高质量设问，适时地提出问题，让问题更好地成为课堂教学的推动力，成为学生学习的线索和方向。也就是说，教师在课堂教学中，在什么情况下设问，设置什么样的问题，要做好充分的研究和准备，做到了然于心。

（1）在学生给出正确答案后提出新问题

教学和学习是一个逐步深入，逐步推进的过程。在课堂教学中设问，不能停顿在某一个层面或某一个问题上，要推进和深入。在课堂教学中，当学生对提出的问题给出正确答案后，教师若能抓住时机，继续提出新问题，可以促使学生更深入思考所学知识，深层次地领悟教学内容。在这样的过程中，学生的进取心和思维深刻性得到强化，对于学生良好学习习惯的养成非常有益。

【案例】

在“电荷及其守恒定律”的学习中，设问如下：

在“接触带电”的过程中，若一个带正电的金属球甲与一个不带电的金属球乙接触，则电荷的移动方向是怎样的？

在学生给出正确答案之后，可继续设置问题：

①为什么不是正电荷从金属球甲移向金属球乙？

②由问题①是否可以确定，不管是“摩擦起电”“感应起电”还是“接触带电”，都是金属导体中自由电子发生运动而正电荷不会移动吗？

③有正电荷定向移动形成电流的情况吗？若有请举例。

以上的连续设问，涵盖了电荷及其守恒定律的要点知识。在解决一个问题之后，连续地提出新问题，带领学生一步一步地深入学习电荷及其守恒定律的知识。这些连续的设问，能将相关的知识点联系起来，可使学生厘清知识脉络，更有利于学生的学习。

在高中物理的课堂教学中，在学生给出问题的正确答案之后，是设问的重要时机，教师应把握这个有利时机进行新问题的设置。从课堂教学的实际出发，这时提出的新问题，可以是继续延伸的问题，也可以是对比性的问题。尤其是通过设置对比性的问题，让学生进行对比学习，理解所学内容的异同点，从而形成更为深刻的认识。

【案例】

在“磁场”的学习中，可对比“安培力”与“洛伦兹力”的相关知识，进行如下设问：

①什么是安培力？安培力的大小由哪些因素决定？

对比问题：什么是洛伦兹力？洛伦兹力的大小由哪些因素决定？

②安培力的方向如何判断？

对比问题：洛伦兹力的方向如何判断？

③安培力对通电导体可以做功吗？为什么？

对比问题：洛伦兹力对运动电荷可以做功吗？为什么？

④安培力是宏观力，为什么？

对比问题：洛伦兹力是微观力，为什么？

磁场学习的难点是安培力和洛伦兹力的知识易混淆，学生在进行综合应用时容易出现错误或遇到困难。为了克服这个难点，在课堂教学中，教师可在学生对安培力有正确认识的基础上，继续提出以上相应的对比问题。经过这样的分步辨析，学生对安培力和洛伦兹力的知识才能明确关联，明晰异同，形成清晰的认识，能够熟练和准确地学习和应用。

总之，在学生给出问题的正确答案之后，教师要依据课堂教学的实际需要，或提出连续性的问题，以继续深入学习；或提出对比性问题，以加深理解。此时进行恰当有效的设问，都能有助于展开课堂教学。

（2）在学生给出错误答案之后提出新问题

在课堂教学过程中，如果学生对教师的问题给出了错误答案，其实能给课堂教学设问提供更良好的时机。所以在这种情况下，教师不可以只是对学生给出简单的否定评价，对学生出现的错误一带而过；而是要抓住这个设问的好时机，继续提出新的问题，以帮助学生认清错误所在，正确理解概念和方法等。在学生给出错误答案之后的继续设问，教师对学生的学习状况更为了解，提出的新问题会更有针对性，能更有效地帮助学生正确理解和认识所学概念和方法。在学生给出错误答案之后，教师设置的新问题，可以是正面剖析，全面分析学生可能出现的错误之处。

【案例】

“练习使用多用电表测电阻”的学习中，判断欧姆挡倍率的选择时，有部分学生认为选择的倍率越大，指针的偏转角度也越大，刻度盘的读数误差就越小，这样测量更精确。在学生给出这个错误答案之后，可设置下列问题，引导学生分析：

①电流表、电压表量程的选择原则是什么？为什么？

②欧姆挡倍率的选择原则是什么？若选择倍率过小，则表头针指的偏角过小，为何测量误差较大？若选择倍率过大，则表头针指的偏角过大，为何测量误差也较大？

③在比较精确地测电阻时，为何一般不用欧姆表去直接测量而是用伏安法等其他方法去测量？

④除了用欧姆表直接测量未知电阻、伏安法间接测量未知电阻外，还有哪些方法可以测量未知电阻？

经过对以上问题的剖析，学生就不会认为任何物理量的测量，电表的指针偏角越大越好；同时也会清楚各表在测量时量程选择的原则。学生对测电阻的方法有了全面而深入的理解，能为后续的学习打下良好的基础。

在学生给出问题的错误答案之后，教师也可运用设问，引导学生从侧面分析，通过新问题，让学生明确出错的原因，从而避免重复出错。

【案例】

在学习“恒定电流”时，由于学生已经了解既有大小、又有方向的物理量是个矢量。所以很多学生会误认为电流强度是一个既有大小又有方向的物理量，也就是说电流强度是个矢量。为了让学生温故知新，增强学生对所学内容的认识深度，教师可从侧面设问：

①速度是矢量，它的合成遵循什么原则？

②一个物体的质量 3 kg，若给它再增加 3 kg，则它的总质量是多少？你是按照怎样的法则计算的？

③若两条相互垂直支路中的电流分别是 3 A 和 4 A，则干路中的总电流是 7 A 还是 5 A？

④如果干路中的总电流是 7 A，则说明电流的叠加与合成遵循平行四边形法则吗？

⑤矢量的叠加与合成遵循什么法则？标量的叠加与合成遵循什么法则？

以上问题，学生可以运用所学知识，认识到电流强度虽然有方向，但它不是矢量，而是标量。通过这些问题，学生既能加深对矢量和标量相关知识的理解，又能顺利完成对电路中电流特点等新知识的学习，从而达到“温故知新”的效果。在这些问题中，“若电流强度是矢量，它的叠加与合成还能用代数和法则来求解吗?”是关键，它引导学生从侧面分析问题，认识问题，体现的是一种逆向思维。在高中物理的学习中，很多重点和难点知识，都可用这种方法更好地了解和掌握。这样的方法也有助于培养学生必要时进行“逆向思维”，从而在学习和生活实践中运用更多的方法解决问题。

（3）应用学生的回答进行后续设问

课堂教学就是一个互动的过程，包括师生互动，生生互动。在课堂教学中，教师可能经常会用这样的话语：“大家觉得回答正确吗?”“大家同意他的观点吗?”“大家还有更好的思路和方法吗?”等。这其实就是应用学生的回答而进行的后续设问。在课堂教学中，教师要及时地进行教学反馈，及时抓住后续设问的时机。后续设问在课堂教学过程中有很多，不仅是师生互动，还可以促使生生互动。在对这些设问讨论研究的过程中，教师要能够找出解决问题的最优方法，能够激励学生积极思考，给学习投入更多的热情。在学生对问题的解决争相探讨及友好竞争的氛围中，课堂教学和学生学习往往会有意想不到的收获。

【案例】

在“交变电流的产生”学习中，可以进行如下设问：

将闭合线圈放在磁场中转动，如何会产生正弦交流电或余弦交流电?

〖学生回答〗

第一位同学回答：磁场必须是匀强磁场。

第二位同学回答：转轴要与磁场垂直。

第三位同学回答：线圈要匀速转动。

教师继续设问：

①线圈在哪个位置开始计时产生的是正弦交流电？线圈在哪个位置开始计时产生的是余弦交流电?

②转轴一定要在线圈对称轴的位置吗?

③在面积相同的情况下，线圈的形状会影响产生的感应电动势的大小吗?

针对以上三位同学的回答，在教师设问的引导下，同学们展开了热烈的讨论。经过对相关感应电动势的分析和探讨，对上述问题不仅做出了定性判断，还进一步有了定量的认识，并对非特殊位置电流的表达式做出探讨。这样围绕同学们对问题的解答，展开了积极有效的学习过程。

在高中物理学习中，会遇到很多疑难问题。对于有些问题的解决，教师有时也会感到困难，因为教师也有知识更新方面的局限性，有思维定式导致的盲点等。在课堂教学中，对于教师的设问，学生有时会给出“出乎意料”的回答，与教师预设的答案有出入，甚至大相径庭。在这种情况下，教师若只是简单否定或置之不理，其实都是对课程资源的浪费。好的方法是将问题留给大家，请同学们分析、讨论，想办法解决问题。这样的过程，其实也是在进行后续设问。很多时候，学生们会积极参与，查阅资料，共同探究，使问题得到很好的解决。教师也有困惑的问题，这些问题可能对学生有很大的吸引力，问题的解决也能使学生有更多的成就感，对于学生积极主动学习能起到很大的推动作用。

【案例】

在学习“第一宇宙速度”时，通过理论推导，在某星球表面水平抛出一个物体，只有此速度超过第一宇宙速度时，它才不会落到星球表面，且星球的质量越大、半径越小，即密度越大，其第一宇宙速度也就越大。那么，有没有这样的星球，即使在其表面将一个物体以光速水平抛出，但它不会脱离星球最终又落到星球表面上？此时星球的密度至少要达到多少？这时学生迫不及待地答道：“黑洞”。

教师在设问之后，并没有要求学生立刻给出答案，而是要求学生课后查阅有关资料，再做出分析判断。这个问题的设置，调动了很多学生积极查阅资料和学习，最后发现“黑洞”是有可能存在的。以上的学习经历，学生在增长知识，解决实际问题的同时，也深深地认识到每个人的认知水平都是有局限性的，在学习中，学生不了解、不熟悉的知识很多，因而在遇到疑难问题时，不能武断，急于给出结论；而是要慎之又慎，不可以认为学生不知道的就是不存在的。在学习中，谦虚谨慎的态度很重要，只有这样，才能推动教师不断学习，不断扩充知识容量，开阔眼界，才能更为合理地解决问题。“学海无涯”对于每一位教师和学生而言都是忠告，都是永远不变的真理。

将问题交给学生，推动学生的自主探索，这样的设问和问题解决过程，也充分体现了现代学生的学习特点。如果能够恰当设问，激发学生充分利用自身拥有的资源进行自主的学习，对于他们学习能力的提高，认知水平的发展都非常有利。教师在高中物理的课堂教学过程中，不用担心疑难问题的出现，而是要充分利用疑难问题，教学相长，将问题全面地反馈给学生，与学生共同学习，共同成长，共同进步。

3.优化课堂设问的方法

在高中物理的课堂教学中，教师设问的能力也是需要用心培养、努力提高的。为了能够设置出具有思考价值的问题，能够在课堂教学中利用问题推动课堂教学进程，丰富课堂教学内容，扩展课堂教学的广度，挖掘课堂教学的深度，需要教师不断学习、思考和提升。教师不仅要研究教材，熟悉学情，提升自身的专业素养，还要研究课堂设问的方法，优化课堂设问的方法。同样的学习内容，同样的学生，如果教师应用不同的课堂设问，那么课堂教学和学生学习的效果往往会产生很大的差别。因此，作为教师，要注重自己课堂设问能力的培养和提高，研究优化课堂设问的方法，在课堂教学中设置更好的问题。

（1）充分利用物理实验现象进行课堂设问

物理这门学科是以实验为基础的。许多高中物理的学习内容都与实验有关，其中包括实验现象的观察，实验现象的分析，实验结果的讨论等。因此，从物理实验现象中发现问题，依托物理实验现象进行课堂设问，是高中物理课堂教学中重要的设问途径和方法。

【案例】

在“验证气体的扩散”实验时，将一瓶装有空气的集气瓶和一瓶装有二氧化氮的集气瓶口对口，然后抽去两瓶口的玻璃片，很快两瓶气体的颜色变得均匀。教师可根据此实验现象，进行以下设问：

①为何要用无色的空气和有色的二氧化氮做此实验？

②为何要将装有红棕色的二氧化氮的瓶子放到下面，而将装有无色的空气的瓶子放到上面？两个瓶子互换位置可以吗？

在实际的课堂教学中，大多数学生对此实验方案的设计存在困难，教师可继续引导设问：

③若取两瓶无色的气体，如空气和氧气可以验证气体的扩散实验吗？为什么？

④空气的密度大还是二氧化氮的密度大？为何热空气会上升，冷空气会下降？它是气体的扩散形成的吗？

以上有关问题的设问，是围绕相关实验现象的逐步学习。这些问题以实验现象为出发点，设置了与实验方案相关的问题。这些问题如何解决对学生来说存在较大的困难，因而在此基础上，教师又设置了启发性的问题和扩展性的问题。从实验现象中引发出来的问题，具有设问直观、明确的特点，也适合对相关问题进行延伸。这样设置出的问题，对于锻炼学生实验方案设计的能力，对比分析问题的能力，知识综合应用的能力都是有利的。

利用物理实验现象进行设问，还可以在实验方案设计的基础上，进行所学知识的综合分析。这样可以使学生将所学知识应用于问题解决之中，锻炼和加强学生运用知识的能力。

【案例】

一个在水平面上做直线运动的钢球，从侧面给其一个力。例如，在钢球运动路线的旁边放一块磁铁，观察钢球的运动。设问如下：

①钢球运动轨迹发生弯曲，可能的原因有哪些？

②若将磁铁放到原来直线运动的另一侧，观察钢球向哪侧弯曲？你能总结出关于钢球弯曲的规律吗？

③若将磁铁放在钢球直线运动的正前方，观察钢球的运动轨迹和速率如何变化？反之，若将磁铁放在钢球直线运动的正后方，观察钢球的运动轨迹和速率如何变化？通过以上实验现象，你可以总结出物体做直线运动和曲线运动的原因吗？你可以总结出物体做加速直线运动和减速直线运动的原因吗？

以上对实验方案设计进行的有关设问，运用了物体做直线运动和曲线运动原因的相关知识；同时，学生也对曲线运动的知识有了进一步理解和应用。这些关于实验现象的分析，实验方案的设计，实验方案的理论依据等问题引导的分析，需要学生认真思考，综合应用所学知识才能解决，这些问题的分析可以很好地促进学生的思维能力，加强学生的知识应用能力。

（2）依托有趣的物理故事进行课堂设问

对于高中物理的课堂教学，有些教师认为教学内容难度大，教学对象已经是高中生，属于较高层次的学习，不能再像小学、初中的课堂教学那样，强调趣味性，努力吸引学生投入学习中。其实，即使是高中的学生，同样能被趣味盎然的故事所吸引。有趣的物理故事，能使学生对所要学习的内容产生直接的兴趣，浓厚的探究乐趣，能使学生有更好的学习效果。在课堂教学中，如果学生只是依靠“我要考上大学”等间接兴趣学习，学习的过程会显得枯燥和乏味，要让学生的学习始终充满热情，会变得比较困难。所以在高中物理的课堂教学中，以有趣的物理故事为依托进行设问，能提高课堂的趣味性，是增强课堂吸引力的有效方法。

【案例】

在探究“单摆的周期公式”这节课时，可以讲述伽利略发现单摆等时性的经过。一天，伽利略坐在教堂里，正好有人给教堂顶部悬挂的油灯加油，加完油后这盏灯仍然在空中晃动。伽利略注意到吊灯的晃动幅度越来越小，但每晃动一次所花的时间似乎相等。是不是眼睛看花了？他一面按着自己的脉搏，一面注视着油灯的晃动，仍然发现每次晃动的时间基本相同。他回到家里找了一根绳子和一个铁块，重新做了这个实验，结果也一样。在苦苦思索之后，伽利略最终发明了最早的计时工具——摆钟。现在，让我们重温他的发明过程吧：

①油灯的晃动幅度越来越小，但每晃动一次所花的时间似乎相等，这说明了什么？

②伽利略为何要一面按着自己的脉搏，一面注视着灯的晃动？

③伽利略回到家里找了一根绳子和一个铁块，重新做了这个实验，结果也一样。若没有好奇心和后续的实验进一步验证，他会发明最早的计时工具——摆钟吗？

以上的设问，以伽利略发明摆钟的故事为依托，启发学生以问题为线索，运用单摆的知识，对影响单摆振动的周期因素进行分析和探究。在伽利略的小故事的吸引下，学生对教师的设问兴趣盎然，认真思考研究，顺利地完成了学习任务。

以有趣的物理故事为依托进行的设问，教师需仔细研究故事，将所要学习的内容与故事很好地结合，在设问中不能只顾及趣味性而脱离知识性，缺乏思考性，因为这样会影响应有的教学目标的实现；同时，也要注意问题不要与故事脱离，从而使学习过程失去应有的生动和趣味。

【案例】

在学习“参照物”时，可以讲这样一个小故事：一个年轻人骑摩托车时喜欢反穿衣服，就是把扣子在后面扣上，这样既可以挡风，又可以耍酷。一天他酒后驾驶，车翻了，一头栽在路旁。警察赶到后，警察甲说：“好严重的车祸。”警察乙说：“是啊，脑袋都撞到后面去了。”警察甲说：“嗯，还有呼吸，我们帮他把头转回来吧。”警察乙说：“好，1、2、3使劲，脑袋转回来了。”警察甲说：“嗯，怎么没有呼吸了”……设问如下：

①警察乙是依据哪个参照物判断年轻人的脑袋撞到了后面？

②从这个故事你可以学到什么知识？

以上的设问，关注了年轻人反穿衣服出车祸这个小故事中的细节，将问题和故事密切联系起来，将趣味性与物理知识有机结合起来。在这样的学习过程中，教师的“教”和学生的“学”都变得生动有趣，教学和学习的任务也能更为顺利地完成。

（3）将物理知识置于现实生活中进行课堂设问

物理学科知识与生活实际和生产实践密切相关，将物理知识置于现实生活中设问，一方面能加强学生对所学知识的应用，有利于学生对知识的掌握；另一方面，也能让学生充分体会物理知识在生活和生产中的重要作用，更多地激发学生学习物理知识的热情。从国防科技、人们日常生活中的衣食住行、生活实际中的很多方面，我们都可以联系物理知识来进行课堂设问。

【案例】

在学习“离心运动”时，如果只是按部就班地给学生讲解，学生可能只是机械地记忆、学习，就会比较被动，学习效果也会受到影响。为了改变这种状况，教师可以将离心问题与现实生活进行联系并设问。例如，在学习离心运动时，可进行如下设问：

①在游乐场，当你坐在水平大转盘上随转盘一起转动时，相对于转盘，人总有沿哪个方向飞出去的倾向？为什么？但人为何没有飞出去？

②在转盘转动快慢不变时，人坐到离转盘中心越远的位置越容易被甩出去，还是坐到离转盘中心越近的位置越容易被甩出去？

③若水平大转盘是特别光滑的，人会随转盘一起转动吗？为什么？

我们常说，物理即生活，生活即物理。在以上联系生活实际进行设问学习的过程中，学生一方面了解离心运动的性质，一方面运用所学知识解决实际生活中的问题，会有良好的学习效果。

将物理知识置于现实问题中进行设问，教师还要善于从学生熟悉的生活情景入手。通过设问，使学生对自己“熟视无睹”的生活现象产生兴趣，意识到自己的认知“盲点”，加深对知识的认识和理解。

【案例】

在学习“汽车输出功率”的相关知识时，可以这样进行设问：

①汽车一般有几个额定功率？汽车的输出功率可以比额定功率大吗？

②汽车在上坡时，司机一般有哪些操作？

③汽车在上坡时，若司机不踩油门，则一般要换挡，是换到高挡还是低挡？换挡的目的是什么？

④汽车在上坡时，若司机不换挡，则一般要踩油门，这样做的目的是什么？

上述问题涉及学生熟悉的“汽车上坡”现象，但提出的问题学生却往往不能立刻回答出来。此时，学生的求知欲很容易被激发，想通过学习解释这些熟悉的生活现象，学习热情高，学习效果好。因此，从学生似懂非懂的生活现象入手设问，有利于课堂教学的开展和推进。

（4）避免课堂设问中的误区

在高中物理课堂教学中，教师的设问，学生的积极发问，对于推动学习的进程都起着非常重要的作用。因此，无论问题是源自教师的设问，还是来自学生的提问，教师都要认真对待，避免设问误区。

第一，要找到真实的问题。“允许孩子说真话，让孩子在真正意义上想自己之所想，成为会独立思考的人，课堂上才会有积极的师生互动，才能通过互动促进彼此的成长。”因此，教师要把激发学生的学习自主性体现在课堂设计的每一个环节。通过多种方式，使课堂教学过程民主，氛围轻松，能让学生把问题说出来。真正来源于学生的问题，可以帮助教师及时了解和掌握学生真实的学习状况，发现学生存在的问题，调整课堂教学方法，不断改进课堂教学。

第二，不追求所谓的“高质量”问题。在课堂教学中，教师如果一味追求让学生提出“高质量”的问题，导致的结果可能是学生再也提不出问题了。有时候，教师会“脱口而出”这样的话：“这个问题不是我刚讲过的吗，怎么又问?”“你这个问题也太简单了吧，怎么连这个都不明白?”……这样的话对于教师也许只是说说而已，而对于学生可能会造成非常大的影响，甚至有些处于青春期，非常自尊而敏感的学生，也许再也不敢提问题了。因此，作为教师，要认识到再简单的问题，对于学生而言都是学习中遇到的困难，教师要换位思考，理解学生，帮助学生。对于学生的提问，教师要真正做到接受，友善，尊重，乐于帮助学生，真诚对待学生。这样学生才会在学习的过程中积极发问，深入思考，经过不断的积累和进步，能够问出“高质量”的问题。

第三，要避免课堂设问没有针对性。在实际的课堂教学中，教师要关注设问对课堂教学能否真正起到促进作用，对学生能否有所启发，能否帮助学生认识到所学知识更深层次的内涵，能否准确表达教师的课堂教学意图，体现教师的课堂教学所需。也就是说，教师在课堂设问中，必须是有意义的，是针对教师的课堂教学需求，针对学生的学习需要而精心设置的。教师要在认真研究教材，全面研究学情的基础上设置有效的课堂教学问题，才能收到“有的放矢”的教学效果。类似“同学们，物理知识对于我们的生活重要吗?”“通过刚才的讨论，大家有什么感受?”这样的问题，作为高中物理的课堂设问，对教学而言过于空泛。对于这样的问题，学生可能也只是泛泛地回答，起不到课堂教学设问应有的对学生思维品质的锻炼作用，起不到教学设问对课堂教学进程的推进作用。

课堂教学中的设问，必须是实实在在的、有真正意义的、能起到相应作用的问题。例如，通过设问创设课堂教学情境，激发学生的学习热情；通过设问分散难点，帮助学生抓住重点，克服难点，更好地进行知识的学习；通过设问进行知识的总结和应用，理解知识和巩固强化知识；通过设问，加强课堂教学师生互动，生生互动，使课堂教学过程更加生动，富于活力。因此，教师在课堂设问时，要从三个方面认真研究：设问能否促使学生积极思考，能否推动课堂教学进程，能否对学生掌握知识和提高能力起到促进作用。教师一定要从课堂教学目标出发，以学生的认知水平为起点，重视课堂设问的针对性，提出有意义的、实实在在的问题，让设问真正成为课堂教学的推动力。

课堂教学中的设问示例

一、不同教学内容课的设问示例

1.“磁感应强度”的课堂教学设问（物理概念教学）

〖分析〗

在高中阶段的物理课堂教学中，磁感应强度的教学是难点。这些物理概念，对学生来说学习内容比较抽象，概念的内涵、外延复杂，往往在学习中会遇到较多困难。例如，《物理选修3-2》（人教版）的“磁感应强度”的学习，学习内容本身纷繁复杂，学生主动学习的能力也比较弱。因而，很多教师在课堂教学中不敢“放手”，总是不断地“精讲”和“多练”，但往往事倍功半。为了改变这种状况，在这部分内容的学习中，教师可通过设问引导，使学生产生疑问，探究疑问，解决疑问，自主构建知识体系，整合知识结构，变“被动学习”为“主动学习”。

（1）引出新知识的设问

在复习引入的课堂教学环节中，教师设置一些较为简单的问题，引导学生完成问题，激活并运用旧知识，引出新知识，形成学习动机。

①有个点电荷Q放在空间，离它越远，其产生的电场越弱还是越强？

②如何检测空间是否存在电场？

③为何要求试探电荷的体积要足够小，电荷量要足够少？

④为了反映某点电场的强弱和方向，需要引入哪个物理量？

⑤如何定义某点的电场强度？

⑥电场强度的方向是如何规定的？它是标量还是矢量？它的叠加遵循平行四边形法则还是代数和法则？

⑦请模仿电场强度的概念和知识，试着定义什么是磁感应强度？并探究其规律。

（2）使学生产生疑问，引发探究的设问

①请仔细阅读教材，分析你所定义的“磁感应强度”的概念是否准确，若不准确，需怎样改进？

②你探究的规律是否正确，若不正确，需怎样改进？

“疑”是激发学生积极思维的诱因。学生根据已学习的电场强度的概念，“如法炮制”出“磁感应强度”的定义。但在阅读教材时，学生发现自己的猜想有不妥之处，与原有知识产生矛盾，学生的探究兴趣因而得到激发。

（3）突破难点的设问

本节课的重点和难点是学生真正理解“磁感应强度”是如何定义的，明白为何要引入一段电流元“IL”这个概念，为什么要求电流元必须是一段极短的通电导线？这个问题可以引导学生与电场中的检验电荷进行类比。若能借助学生熟悉的物理概念进行类比设问，可以突破难点，促使学生更快、更好地掌握新知识。例如，类比试探电荷和电流元来进行设问：

①试探电荷的带电量为何要足够小？作为一段电流元的导线，其电流为何要足够弱？

②试探电荷的体积为何要足够小？作为一段电流元的导线，其导线为何要足够短？

（4）深层次领悟知识的设问

在高中物理课堂教学中，当学生把新知识纳入原有知识结构之后，为了帮助学生厘清知识脉络，领悟知识要点，理解知识点之间的逻辑关系，教师可运用设置问题的方法，通过课堂练习等方式，引导学生将所学内容进行整合应用，使学生对概念原理达成深层次的认识。例如，设问如下：

①一个试探电荷放在电场中，一定会受到电场力作用吗？一段通电导线放在磁场中，一定会受到磁场力作用吗？请举例分析。

②电场强度的方向是如何规定的？电场力的方向可以和电场方向相同吗？磁感应强度的方向是如何规定的？通电导体所受安培力的方向可以和磁场方向相同吗？

〖反思〗

一堂成功的课堂教学，不是解决所有问题，而是在课堂中不断产生新的问题，不断延续学生学习、探究的兴趣。新课程标准要求学生有较强的问题意识，因而在物理基本概念和基本规律的教学中，教师要多运用设问的方式，紧扣教材的重点和难点知识，设置合理且有效的问题来引导学生的学习过程。在课堂教学中，教师要启迪学生的心智，让成功后的快乐伴随学生，为他们以后的学习蕴藏巨大的动力。

2.“动量定理”的课堂设问（物理规律教学）

〖分析〗

高中物理的学习中，物理规律教学也是重要的内容。学生要学习牛顿运动定律、动能定理、机械能守恒定律、万有引力定律、库仑定律、电磁感应定律、动量守恒定律等重要的物理定律和物理定理等。要将这些复杂的学习内容化繁为简，化难为易，教师在课堂教学中的设问会起到至关重要的作用。例如，对于“动量定理”的学习，就充分发挥了问题在课堂教学中的引导、启发等作用。研究学情可知，学生在学习牛顿运动定律等知识之后，具备了一定的物理理论基础。在学习动量定理等知识的过程中，对于学习物理规律的思路和方法也就基本掌握了。因此，对于动量定理这些重要规律的学习，可采用探究学习的模式，设计以问题为中心的课堂教学流程。在课堂教学中，以问题为学习的线索，以问题进行深度和广度的拓展。

（1）以问题为中心引入新课

实验演示：将一个鸡蛋从同一高度静止释放，第一次落到水泥地面上，第二落到厚海绵垫上，观察实验现象。

以这个演示实验为基础，联系学生的生活实际，通过设问引入新课：

①人从高处落下时，为何要用脚尖先落地然后双腿弯曲？

②人在蹦极时，为何绳子是有弹性的橡皮绳而不是更结实的钢丝绳？

③我们在邮寄易碎的玻璃制品时，为何要将其用海绵或碎纸屑包裹起来？

④在铺地砖时，为何师傅用橡皮锤敲打瓷砖而不是用铁锤？铁匠在打铁时为何用很重的大铁锤而不是橡皮锤？

以上的问题，主要是想让学生初步了解，动量定理的相关知识在生活中有重要的应用，以引起学生的高度关注。所以这些设问并不需要学生立即做出全面的回答，而是通过后续的学习，逐步解决和了解。这些设问与动量定理密切相关，也与我们的生产生活息息相关，能引起学生对所要学习内容的兴趣，为后续的学习做好铺垫。

（2）以设问引导课堂探究的过程

在动量定理的学习中，力的冲量和物体动量的变化量是重点和难点，教师要通过设问，引导学生条理清晰地学习，逐步深入地探究。对于相应的物理定律的学习，可从三个不同的角度，即定理的推导、定理的内容和定理的应用逐一进行设问，能使学生的学习条理清楚，线索分明。这种课堂设问和学习的思路，同样适用于其他物理定律的学习。教师在课堂设问的过程中，还要注意调动学生学习的积极性，所设问题不能太空太泛，使得学生无从思考，无从答起。要充分利用学生已有的旧知识作为新知识的生长点。

在动量定理的学习中，从推导的角度进行设问：

①牛顿运动第二定律是从理论推导而来的，还是从实验探究而来的？

②如何利用牛顿运动第二定律推导动量定理？

③动量定理的表达式有几种？请写出相应的关系式。

④动量定理可以通过实验来验证，如何设计简单易行的实验来证明？请简要说明实验原理及相应的实验过程。

在动量定理的学习中，可以从内容的角度进行设问：

①动量定理告诉我们，是物体所受合力的冲量决定了物体的动量变化，还是物体动量的变化决定了物体所受合力的冲量？

②动量是矢量，其方向由哪个物理量的方向来决定？动量变化量的方向由哪个物理量的方向决定？

③力的冲量也是矢量，它的方向由哪个物理量的方向来决定？其中这个力是物体所受到的合力还是某一个力？为什么？

④力使物体产生了加速度，力对空间的积累引起了物体动能的变化，而力对时间的积累引起了哪个物理量的变化？

在动量定理学习中，可以从应用的角度进行设问：

举例说明，生活中有哪些应用与动量定理有关？

在以上的学习过程中，学生在教师设置的问题中学会了物理概念的建立，初步学会了用物理规律来解释生活中的相关现象，从而达到学以致用的目的。在课堂教学中，教师注重设问的角度、深度和发散性，引导学生脉络清晰地学习动量定理，进行较为深入和全面的研究，有利于知识的结构化。设问的引导，使以学生为主体的探究式教学顺利展开。在课堂中进行的验证动量定理的实验及实验方案的设计等，有利于培养学生思维的灵活性。在课堂设问中，还要加强与生产生活实际的联系，使学生深刻感受物理知识的重要性。

（3）以设问联系生活，关注知识的应用

动量定理在生产生活中应用十分广泛，通过课堂设问，可将所学相关的知识应用于生产生活，增长学生的科技知识，增强学生的创新意识。

①动量定理与行车安全。车辆在行驶过程中，若超载超速从而失去安全控制撞击物体时，会产生很大的破坏性，原因是动量的变化很大，产生的冲击力也很大。试分析汽车安全带为何被称为司机和乘客的生命线？高档轿车上还装有安全气囊系统，一旦发生严重撞击时气囊会自动弹出，试分析它的工作原理？

②动量定理与体育运动。体育运动难免会发生冲撞，从而对人体造成一定的瞬

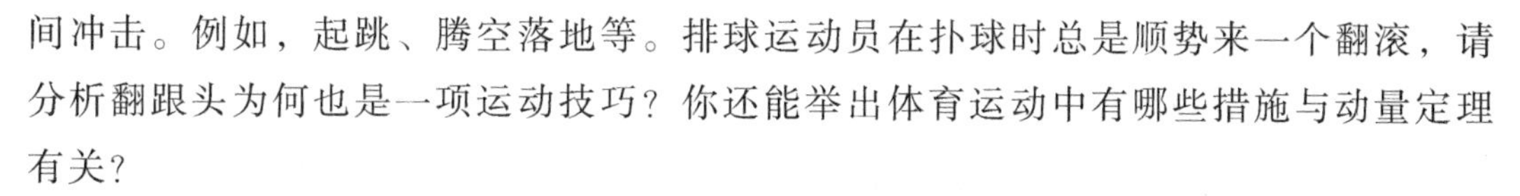

间冲击。例如，起跳、腾空落地等。排球运动员在扑球时总是顺势来一个翻滚，请分析翻跟头为何也是一项运动技巧？你还能举出体育运动中有哪些措施与动量定理有关？

③动量定理在采煤技术中的应用。煤炭在我国能源结构上占据首要地位，如何高效清洁地进行采煤，一直是我国政府和科技工作者关注的焦点。为此国际上研发了一种新型的采煤技术——高压水射流采煤技术。让高压水从喷嘴中射出，打到煤层上，煤就成片脱落，达到高效清洁的采煤目的。试分析它的工作原理？

以上设问，出发点是将学生所学动量定理与生活实际联系起来。在已有学习的基础上，用设问带动学生将知识应用于生产生活中，在巩固、拓宽知识的同时，进一步了解物理知识在生产生活中的广泛应用，感受知识的力量和重要性。

〖反思〗

本节课采用以问题为中心的探究课堂教学，采用分步细化的设问，使学生通过一系列问题进行思考和研究。在问题的设置中，要注重新旧知识的联系，引导学生设计实验方案，选择适当的实验方法。在学习过程中体现了师生互动，生生互动，有良好的课堂氛围和教学效果，较好地培养了学生的思维品质。但也有需要改进的方面。例如，要让学生主动地提出问题。爱因斯坦曾经说过："提出一个问题往往比解决一个问题更重要"，解决问题也许仅仅是对理论知识或实验技能的应用而已，而提出新的问题，是从新的角度思考问题，需要创造性，需要想象力，需要思维品质的不断提高。因此，在今后的课堂教学设置和实施中，如何激励学生主动提出问题，提出好问题，是值得我们认真探索，不断思考的方面。

3."探究加速度与力、质量的关系"教学中的实验探究设问（物理实验教学）

〖分析〗

高中物理新课程理念倡导通过探究课堂教学，让学生体验科学研究的过程，提高科学素养，培养创新能力。实验探究是高中物理探究教学的主要方式，实验是物理教学的基础，实验设计对学生思维的开发有着不可替代的作用。在课堂教学中能否更多更好地进行实验探究，是实现新课程教学理念和改变学习方式的关键。目前，高中物理课中的很多实验，只是一个原理对应一个现象，思维程度较低，不利于学生思维能力和学习能力的发展。在高中物理课堂教学中，实验探究的方案应该如何设计？如何使实验设计更有创意？实验过程如何能更顺利地开展和推进？这些问题需要我们在课堂教学中不断地进行探索。在"探究加速度与力、质量的关系"的学习过程中，对课堂教学中物理实验

探究通过设问进行了改进。

（1）设问引出实验，引发认知欲望

心理研究表明，认知欲望是动机的根源。创设欲望型问题能激发学生的探究意识，激起认知结构与知识结构之间的联系，使学生产生认知欲望。而这种认知欲望，能使学生的学习高度集中，充满热情地去研究和探索，通过学习、交流，解决关键性问题，以达到更深层次的认知。

学习“探究加速度与力、质量的关系”时，可以先进行以下设问：

①引导学生讨论为什么要探究加速度与力、质量的关系？

②要求学生猜想加速度与力、质量之间可能是什么样的关系，并简单阐述猜想的依据。

③如何探究一个物理量与两个（或多个）物理量之间的关系？（我们认为最好不明确指出所谓的“控制变量法”，因为这一提法不过是一种形象的说法而已）

在以上设问及实验的带动下，课堂氛围活跃，学生积极思考，踊跃解答问题。因为课堂问题在日常生活中有时也会遇到，与学生的知识经验又相符合，学生在感到这些问题比较熟悉的同时，迫切地想了解其中的奥秘，想对加速度与力、质量的关系进行仔细的探究。

（2）设问引导实验方案的设计

学生的学习兴趣被调动起来，会产生强烈的实验探究欲望。教师要利用这一契机，促使学生进行探究学习，得到能力的发展和情感的体验，而不只是停留在满足学生一时好奇的层面上。在课堂教学中，要通过设问引导学生认真思考“实验的目的是什么？”“应采用什么样的实验装置？”“实验的现象和实验结果是怎样的？”“实验数据如何处理？”“实验误差的来源有哪些？”等问题。在此基础上，教师要设计出可行的实验方案，为实验探究做好充分的理论准备，避免实验过程中的随意性。

例如，在“探究加速度与力、质量的关系”的实验学习中，可以进行以下设问：

①在本实验的操作过程中，在平衡摩擦力时，为何不要把悬挂小盘的细绳系在小车上，即不要给小车施加任何牵引力？为何同时要接通电源，让打点计时器打点？为何要让小车拖着纸带做匀速运动？

②整个实验在平衡了摩擦力以后，不管是改变小盘和钩码的总质量，还是改变小车和砝码的总质量，都不需要重新平衡摩擦力，为什么？

③打每条纸带时，为什么都必须满足小车的质量要远远大于小盘和钩码的总质量？

④改变拉力或小车的质量后，每次开始时小车应尽量靠近打点计时器，并应先接通电源再释放小车，这样做的目的是什么？

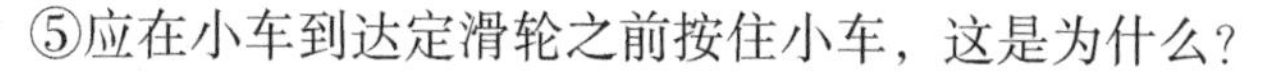

⑤应在小车到达定滑轮之前按住小车，这是为什么？

在物理实验教学中，利用问题引导学生进行实验方法的设计和实验现象的分析，不再刻意区分演示实验和学生实验，有利于学生充分感受科学探究的过程和方法；同时，在学习中要增强学生的问题意识，转变学习方式，提高学生独立思考的能力。

（3）用课堂设问抓住学习契机，深入实验探究

在物理实验教学中，教师要善于引导学生通过学习提高思维的水平和能力，在学习中认真思考。思维总是在一定的问题情境中产生的，问题是思维的起点，也是思维的动力。学生思维品质的培养源于对问题的解决，创新源于对问题的质疑。教师在课堂教学中，用设问来启迪学生的思维，培养和发展学生各方面的能力。要善于抓住课堂教学和学生学习的契机，灵活运用好设问，不拘泥于课本，进行发散的、开放的、深层次的实验探究教学。

在“探究加速度与力、质量的关系”的实验探究中，可以进行如下设问：

用创新的测量仪器来代替课本中的测量仪器：

①用气垫导轨或光电门来完成此实验，比传统的小车和钩码实验有什么优点？

②用拉力传感器直接测量绳子所受到的拉力，此力就是小车所受到的合力吗？

③用作图法处理实验数据时，为何两个坐标轴的比例要选择适当，不能过大或过小？

④在用作图法处理实验数据时，为何不直接做出“加速度和质量的关系”图线，而是做出“加速度与质量倒数”的图线？

以上教学中运用设问的方法，创设课堂教学情境，逐步深入进行实验教学中的探究活动。对实验教学进行以问题引导的探究教学，体现了新教材的设计思路，实现了新课程的教学理念，促进了学生科学素养和创新能力的全面发展。

〖反思〗

在高中物理实验教学中，课堂设问要注意基础性。设问是学生认真思考，探究之后能够解决的问题，通过设问使学生了解和掌握物理实验的基本原理，基本操作方法，基本操作步骤，实验过程中基本的注意事项，实验数据的处理，实验误差的分析等，为后续的学习打下坚实的基础。此外，课堂设问还要有针对性，对需要强化的学习内容，通过设问引起学生足够的重视，在学习过程中，通过问题解决得以充分地理解，要留给学生思考的空间。在课堂教学中，对课堂设问不直接给出结论，而是通过问题启发学生积极思考，勤于钻研，努力做到学生自己设计实验方案，自己动手完成实验，验证方案，从而发现认识上的不足，进一步补充、完善，深刻全面地认知相关问题；课堂设问要有开放性，尽可能给学生创设发散思维的时机，不断地发现新问题，努力解决新问题，使学生的知识得到丰富，能力得到提高；课堂设问要有创新性，引导学生多角度考虑，对

一项物理实验提出更多的方法，学会对实验方法进行选择，敢于对实验方法提出改进，培养学生的创新意识，提高学生的创新能力。

二、《物理必修2》（人教版）教学内容的设问示例

1.《物理必修2》（人教版）中“曲线运动”的设问

（1）关于“曲线运动的位移”的设问

〖教学引入设问〗

①前面已经学习了质点沿直线运动时所遵循的规律，那么描述直线运动除了要用到位移、速度两个物理量，还需要用到哪些物理量？

②物体做直线运动所遵循的规律是牛顿运动定律，那么物体做曲线运动时也遵循牛顿运动定律吗？

③位移是用来反映什么的物理量？如何描述物体在某段时间内通过的位移？

〖新课学习设问〗

①研究物体的运动时，坐标系的选取是很重要的。例如，我们把一个物体沿水平方向抛出，它不会一直在水平方向上运动，而是沿着一条曲线落向地面，在这种情况下，能否应用直线坐标系来描述物体的运动？若不能，则应该选择怎样的坐标系来描述物体的运动？

②当物体水平抛出后，它相对于抛出点的位移如果用L表示，由于位移矢量的方向在不断变化，运算不太方便，所以要尽量用它在两个坐标轴方向的分位移来代表它，于是问题就会变得比较简单，为什么？

③若要用直角坐标系来描述平抛运动，则如何选择坐标原点？如何选择x轴和y轴？为什么？

④若物体在直角坐标系运动的过程中已知某一时刻的横坐标和纵坐标，那么如何描述物体所通过的位移的大小和方向？

〖回顾反思设问〗

①直线运动的物体，其位移的变化可以用直线坐标轴来描述，为何曲线运动的位移无法用直线坐标来描述？

②做直线运动的物体，其位移的大小和方向时刻改变吗？做曲线运动的物体，其位移的大小和方向也时刻改变吗？

（2）关于“曲线运动的速度 ”的设问

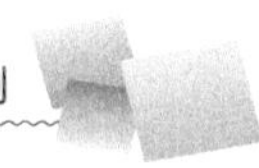

〖教学引入设问〗

①直线运动的学习中，我们知道速度这个物理量是用来描述物体运动快慢的，是矢量，那么它的方向是如何规定的？

②物体做直线运动，其速度方向一定会改变吗？

〖新课学习设问〗

①运动员在掷链球时，链球在链条牵引的作用下做曲线运动，一旦运动员放手，链球会即刻飞出，放手的时刻不同，链球飞出的方向也不一样，可见做曲线运动的物体，不同时刻的速度具有不同的方向。所以在研究曲线运动的速度时，我们首先考虑如何确定物体在某一时刻的速度方向。

②讨论曲线运动的速度方向时，首先要明确一个数学概念，即曲线的切线。在初中数学里我们已经知道圆的切线，那么对于其他曲线，切线指的是什么呢？

③利用《物理必修2》（人教版）第3页图5.1-4，钢球离开轨道时的速度方向与轨道（曲线）有什么关系？白纸上的墨迹与轨道（曲线）有什么关系？

④你还能设计出怎样的实验来探究物体做曲线运动时任意时刻的速度方向？

⑤为何曲线运动一定是变速运动？为何做曲线运动的物体一定有加速度？那么做曲线运动的物体一定受到力的作用吗？

〖回顾反思设问〗

①试举例说明，生活中有哪些现象可以说明物体的速度是沿任意时刻物体运动轨迹的切线方向？

②在空旷地带把一只飞镖向斜上方抛出，飞镖在空中的指向就是它做曲线运动的速度方向，飞镖落至地面插入泥土后的指向，就是它落地瞬间的速度方向。改变飞镖的投射角，观察它在运动过程中一直到插入地面时的角度有何不同？

③物体为何能够做曲线运动？其运动轨迹是向哪个方向偏转？

（3）关于“运动描述的实例”的设问

〖教学引入设问〗

①日常生活中，有哪些比较简单的曲线运动？

②如何将一个合力分解为两个不同方向的分力？分力和合力是什么关系？

③能否可以将一个曲线运动分解为两个方向的直线运动？

〖新课学习设问〗

针对《物理必修2》（人教版）第5页图5.1-9实验，将一端封闭、长约一米的玻璃管内注满清水，水中放一个红蜡块做的小圆柱体，将玻璃管的开口端用橡皮塞塞紧。将玻璃管倒置，蜡块沿玻璃管上升，如果在玻璃管旁边竖立一把米尺，可以看到，除了开始的一小段外，蜡块上升的速度大致不变。再次将玻璃管上下颠倒，在蜡块上升的同时，将玻璃管紧贴着黑板，沿水平方向向右匀速运动。以黑板为参照物，观察蜡块的运动。课堂教学中可以提出以下问题：

①蜡块在做什么样的运动？

②蜡块在黑板上留下的轨迹是一条直线还是一条曲线？

③蜡块的运动是匀速的吗？也许速度的大小和方向有些变化，这些问题仅凭观察就能准确回答吗？如何从理论角度验证你看到的实验现象？

④如何建立平面直角坐标系来描述蜡块的位置坐标随时间的变化关系？

⑤如何描述蜡块在任意时刻的速度大小和方向？

⑥如何从理论角度、数学角度推导蜡块的运动轨迹？若蜡块的纵坐标与横坐标是一次函数的关系，则表明其运动轨迹是直线还是曲线？为什么？

⑦在实验装置方面可以有哪些方面的改进措施？在实验操作方面有什么改进的具体方法？

〖回顾反思设问〗

①如何描述做曲线运动的物体在任意时刻的位置和速度？

②如何从理论和数学角度证明物体运动的轨迹是一条直线还是一条曲线？生活中有哪些例证？

（4）关于“物体做曲线运动的条件”的设问

〖教学引入设问〗

①根据生活经验和以前所学知识，物体在什么条件下做直线运动？物体在什么条件下做加速直线运动？物体在什么条件下做减速直线运动？物体在什么条件下做匀速直线运动？

②根据生活经验，物体在什么条件下做曲线运动？请设计一个实验，验证你的判断是否正确。

〖新课学习设问〗

针对《物理必修2》（人教版）第6页图5.1-11实验，一个在水平面上做直线运动的钢球，从侧面给它一个力，可以进行以下设问：

①在钢球运动路线旁边的左侧放一块磁铁，观察钢球如何运动？在钢球运动路线旁边的右侧放一块磁铁，观察钢球如何运动？

②如果在钢球运动的正前方放一块磁铁，观察它的运动情况？钢球的速度大小如何变化？如果在它运动方向的正后方放一个磁铁，观察它的运动情况？速度大小如何变化？我们可以用以前所学物理知识进行解释吗？

③试分析向斜上方抛出的石子，它所受重力的方向是哪个方向？与速度方向在同一条直线吗？人造卫星绕地球运行，地球对它的引力方向是哪个方向？与卫星速度方向在同一条直线上吗？

④由哪个物理定律可知，物体加速度的方向与它受力的方向总是一致的？由物体加速度方向和速度方向的关系可得，物体做曲线运动条件的另一种说法是什么？

⑤在实验装置方面可以有哪些改进措施？在实验操作方面有什么改进的具体方法？

〖回顾反思设问〗

①物体做直线运动的条件是什么？何时做加速直线运动？何时做减速直线运动？

②物体做曲线运动的条件是什么？何时做加速曲线运动？何时做减速曲线运动？何时做匀速曲线运动？

③物体的运动轨迹、瞬时速度和瞬时加速度之间有何关系？

2.《物理必修2》（人教版）中“平抛运动”的设问

（1）关于“平抛运动概念”的设问

〖教学引入设问〗

①把一个小铁球沿水平方向抛出，它的运动是平抛运动吗？

②将一张纸沿水平方向抛出，它的运动是平抛运动吗？

〖新课学习设问〗

①请找出“平抛运动”概念中的关键词有哪些？在什么情况下，物体所受到的阻力可以忽略不计？平抛运动为何是一种理想化的物理模型？

②生活中还有哪些常见的平抛运动？请举例。

〖回顾反思设问〗

①物体做平抛运动的条件有哪些？

②为何把一张纸水平抛出后，其运动不能当作平抛运动？为何把这张纸揉成很小的球团，再水平抛出后又能当作平抛运动？请分析这两种情况下，有哪些不同之处？有哪些相同之处？

（2）关于“平抛运动的速度”的设问

〖教学引入设问〗

①在研究直线运动时，我们已经认识到，为了得到物体的速度与时间的关系，为何要先分析物体受到的力，由合力求出物体的加速度，进而得到物体的速度？

②关于平抛运动，我们仍然遵循这样的思路，为何要在相互垂直的两个方向上分别研究？这种物理思想是否跟以前所学的合力和分力的关系有点相同？

〖新课学习设问〗

①为何要以物体被抛出的位置为坐标原点，以初速度V_0的方向为x轴的方向，竖直向下的方向为y轴的方向，建立直角坐标系？其他方向建立直角坐标系可以吗？

②物体在平抛运动的过程中，所受重力的方向沿哪个方向？

③物体在x轴方向的加速度为何是零？为何物体在这个方向做的是速度为V_0的匀速直线运动？

④物体在竖直方向的加速度为何是自由落体加速度g？物体在竖直方向的运动为何是自由落体运动？

⑤由平抛运动的速度公式可得，物体下落过程中的速度大小如何变化？速度方向越来越接近哪个方向？这与我们的日常经验一致吗？

〖回顾反思设问〗

为何平抛运动的物体，在任意时刻的速度，不能直接利用以前所学的速度–时间公式$v_t=v_0+at$直接求解？

3.《物理必修2》（人教版）中“实验：研究平抛运动”的设问

（1）关于“如何描绘物体做平抛运动的轨迹”的设问

〖教学引入设问〗

①在天气晴朗的时候，我们会看到天空中的飞机冒出的白烟，一般情况下，这条白色的“大尾巴”大约需要过半个小时才会消散，它能反映出飞机飞行的运动轨迹吗？

②我们在研究物体的运动情况时，经常利用打点计时器打出的纸带进行研究，这是为什么？

〖新课学习设问〗

①请你试着说出《物理必修2》（人教版）第14页所提供的三种描绘平抛运动轨迹的参考案例，它们各自有哪些优点？有哪些缺点？

②若采用参考方案一，如何利用追踪法逐个点地描出小球做平抛运动的轨迹？

③在安装实验装置时，要将带有斜槽轨道的木板固定在实验桌上，使其末端伸出桌面，为何轨道末端的切线要保持水平位置？如何验证斜槽的末端水平？为何要把贴有白纸的木板调整到竖直位置？为何要使木板平面与小球的运动轨迹所在的平面平行并且比较靠近？

④在建立直角坐标系时，要把小球放在槽口处，用铅笔记下小球在水平槽口（轨道末端）时球心在木板上的水平投影点O，为何O点即为直角坐标系的原点？如何在白纸上画出过坐标原点的竖直线作为y轴？如何再利用三角板画出水平向右的x轴？

⑤在确定小球的位置时，为何要将小球每次从斜槽上同一位置由静止滑下？如何较准确地确定小球通过的位置？

⑥在描点并确定小球的运动轨迹时，为何要用平滑的曲线连接各点而不是用折线连接各点？为何要舍掉偏差较大的点？

〖回顾反思设问〗

①斜槽轨道一定要光滑吗？

②如何能比较精确地确定小球每次下落通过的位置？你有更好的方法吗？

（2）关于“判断平抛运动的轨迹是不是抛物线”的设问

〖教学引入设问〗

①一个物体的运动轨迹是直线运动还是曲线运动，是一目了然的。数学中特殊的曲线有哪些？

②如果一个物体做的是曲线运动，如何判断它的运动轨迹是双曲线、圆周，还是抛物线呢？请举例说明。

〖新课学习设问〗

①先利用描迹法画出物体的运动轨迹，并且在运动轨迹上任取几个点，测出这几个点的两个x、y坐标。那么，如何利用这些测量值判断这条曲线是否真的是一条抛物线？

②可用哪些途径和方法判断这条曲线是一条抛物线？

③请思考采用图像法处理实验数据和用数学比值法处理实验数据，哪个更简洁一些，为什么？

〖回顾反思设问〗

通过对“平抛运动的轨迹是不是抛物线”的判断，大家对我们平时实验中测量数据的处理有哪些了解和认识？在用图像处理数据时要注意哪些问题？

（3）关于“计算平抛运动的初速度”的设问

〖教学引入设问〗

①已知物体做平抛运动的轨迹，如何利用其运动轨迹求出物体做平抛运动的初速度呢？

②建立直角坐标系时，必须以抛出点为坐标原点吗？x轴和y必须沿水平和竖直的两个方向吗？

③如果不以抛出点为坐标原点，能否求出物体做平抛运动的初速度？若能，如何去求？

〖新课学习设问〗

①请大家试着说出《物理必修2》（人教版）第13页所提供的求平抛运动初速度的

方法。

②在运动轨迹上任意取一个点，测出其纵坐标y，但要求这个点，选择离抛出点适当远一些还是适当近一些？为什么？

③测量出某点的纵坐标，根据这个数据就可以算出物体下落到这点所用的时间。为了得到物体做平抛运动的初速度，还需测量什么量？进行怎样的测量？

④为了减小实验的误差，还需要如何去做？

〖回顾反思设问〗

阅读《物理必修2》（人教版）第15页的图5.3-5实验装置，提出以下问题：

①发射器A和接收器B的用途是什么？这两个运动传感器，除了可以进行平抛运动的实验，还可以进行哪些曲线运动的实验？想一想，试一试。

②利用这套实验装置，除了可以描出物体做平抛运动的轨迹以外，计算机还能直接求出物体做平抛运动的初速度吗？

③这套实验装置比传统的实验装置有哪些优点？请逐一举例说明。

4.《物理必修2》（人教版）中“圆周运动”的设问

（1）关于“线速度”的设问

〖教学引入设问〗

①在直线运动中，位移是如何反映物体位置变化大小和方向的？

②速度是用来表示物体运动快慢的物理量，即物体位置变化快慢的物理量，教材中是如何定义物体的速度这个物理量的？请写出表达式。

③加速度是用来表示物体速度变化快慢的物理量，教材中是如何定义物体的加速度这个物理量的？请写出表达式。

〖新课学习设问〗

①请大家试着说出物体线速度的概念是什么？这个概念中有哪些关键词需要我们加强理解？应如何理解？在应用时要注意什么？

②在表示线速度时，常用的单位有哪些？我们依据什么来选择单位？

③请写出线速度的数学表达式，请分析表达式中每个符号的物理含义是什么？

④请说出线速度为2 m/s的含义是什么？

⑤线速度也有平均值和瞬时值之分。那么，在怎样的情况下，得到的就是瞬时线速度呢？

⑥线速度是标量还是矢量？如果是矢量，其方向沿哪个方向？

⑦怎样的运动是匀速圆周运动？这里的匀速指的是速率不变还是速度不变？

〖回顾反思设问〗

圆周运动中的线速度与直线运动中的瞬时速度有什么相同点和不同点？

（2）关于“角速度”的设问

〖教学引入设问〗

物体做圆周运动的快慢，除了可以用线速度描述以外，还有哪些物理量可以描述呢？

〖新课学习设问〗

①阅读教材，你能够说出什么是物体的角速度吗？

②你能说出角速度的表达式吗？表达式中各符号表示的物理含义是什么？

③角速度是标量还是矢量？若是矢量，其方向如何判断？

④某物体做匀速圆周运动，其角速度为2 rad/s，则它所表示的物理意义是什么？

⑤角速度的单位是什么？数学中的“1°”等于物理中的多少“弧度”？

⑥对于匀速圆周运动来说，它是线速度大小不变的运动。如果物体在单位时间内通过的弧长相等，那么在单位时间内转过的角度也相等。所以可以说匀速圆周运动是角速度不变的圆周运动，这种说法对吗？

⑦技术中常用“转速”来描述质点做圆周运动转动的快慢。转速是指物体单位时间内所转过的圈数，通常用符号n表示，那么转速的单位是什么？

⑧做匀速圆周运动的物体，转过一周所用的时间叫作周期，用T表示，周期常用的单位什么？什么是物体做圆周运动的频率？

〖回顾反思设问〗

①对于给定的匀速圆周运动来说，其线速度、角速度、周期、频率、转速，哪些物理量是变量，哪些是恒量？为什么？

②砂轮转动时，砂轮上各个砂粒的线速度是否相同？角速度是否相同？

（3）关于“线速度和角速度的关系”的设问

〖教学引入设问〗

请思考：线速度的大小描述了做圆周运动的物体通过弧长的快慢，角速度的大小描述了物体与圆心连线扫过角度的快慢，那么它们之间有什么关系呢？

〖新课学习设问〗

①阅读教材内容，你能否单独推导出线速度和角速度的关系呢？

②在圆周运动中，线速度大小和角速度大小之间的关系是什么？请写出它们的表达式。

〖回顾反思设问〗

有人说在匀速圆周运动中，线速度的大小与角速度的大小成正比。你认为这种说法正确吗？为什么？

5.《物理必修2》（人教版）中“向心加速度”的设问

〖教学引入设问〗

①什么是物体的平衡状态？物体处于平衡状态的条件是什么？

②物体运动状态的改变是指哪个物理量的改变？改变物体的运动状态原因是什么？

③力的作用效果有哪些？请举例说明。

〖新课学习设问〗

①做匀速圆周运动的物体，它所受到的合力沿什么方向？

②地球绕太阳做近似的匀速圆周运动，地球受到什么力的作用？这个力可能指向哪个方向？

③光滑桌面上一个小球由于细线的牵引，绕水平桌面上的图钉做匀速圆周运动，小球受到几个力的作用？这几个力的合力沿什么方向？

④一个物体放在水平的转盘上随转盘一起做匀速圆周运动，这个物体受到几个力的作用？这几个力的合力沿什么方向？你还可以仿照此例分析几个类似的匀速圆周运动的实例吗？

⑤由牛顿运动第二定律可知，物体加速度的方向由哪个物理量的方向来决定？

⑥匀速圆周运动一定是变速运动吗？为什么？若是变速运动，它一定会有加速度，那么物体的加速度指向哪个方向呢？

⑦做匀速圆周运动的物体，其所受合力一定指向圆心，所以物体加速度的方向也指向圆心，为什么？

⑧为何把匀速圆周运动的加速度叫作向心加速度？你能够推导出向心加速度大小用线速度和角速度分别表示的两个数学表达式吗？

〖回顾反思设问〗

①做匀速圆周运动的物体，其所受到的合力的方向一定指向圆心吗？做匀速圆周运动的物体，其加速度的方向也一定指向圆心吗？

②向心加速度是反映物体的速度大小变化快慢，还是反映物体的速度方向变化快慢的物理量？

③向心加速度是标量还是矢量？若是矢量，其方向是沿哪个方向？

6.《物理必修2》（人教版）中“向心力”的设问

（1）关于“向心力”的设问

〖教学引入设问〗

①用手抡一个被绳子系着的物体，它为什么能够做圆周运动？

②月球为何能够绕着地球做圆周运动？

③做圆周运动的物体，为什么不沿圆的切线方向飞出去运动而是沿着一个圆周运动？

④有人说：做匀速圆周运动的物体具有向心加速度，根据牛顿运动第二定律，产生向心加速度的原因一定是物体受到指向圆心的合力，这个合力叫作向心力。你认为这种说法正确吗？

〖新课学习设问〗

①请阅读《物理必修2》（人教版）相关内容，说明什么是向心力？

②举例说明物体做匀速圆周运动时，哪些力提供向心力？

③向心力是按照力的性质命名的力，还是按照力的效果命名的力？

④你能够利用向心加速度的表达式结合牛顿运动第二定律推导出向心力的表达式吗？

⑤阅读《物理必修2》（人教版）第23页，说说如何利用圆锥摆粗略验证向心力大小的表达式？需要测定哪些物理量？如何去测定这些物理量？

〖回顾反思设问〗

①物体由于做圆周运动，所以多了一个特殊的向心力吗？

②物体做圆周运动时，任何性质的力都有可能提供向心力吗？试逐一举例说明。

③物体做匀速圆周运动时，一定是合力提供向心力吗？

④若物体做变速圆周运动，如何确定向心力？请举例说明。

⑤向心力改变的是速度的大小，还是速度的方向，还是既改变速度大小又改变速度方向呢？为什么？

（2）关于“变速圆周运动和一般曲线运动”的设问

〖教学引入设问〗

①阅读《物理必修2》（人教版）第25页“做一做”的实验，自己感受一下如何增大沙袋的速度？

②我们可以通过改变抡绳子的方式来调节沙袋速度的大小。这就有一个疑问，难道向心力可以改变速度大小吗？

〖新课学习设问〗

阅读《物理必修2》（人教版）第24页，回答以下问题：

①《物理必修2》（人教版）第24页图5.6-3表示物体做圆周运动的沙袋正在加速运动。O是沙袋做圆周运动的轨迹圆心，F是绳子对沙袋的拉力。根据F产生的效果，可以把F分解为两个相互垂直的分力，即跟圆周相切的分力F_1和指向哪个方向的分力F_2？

②F_1产生圆周切线方向的加速度，简称为切向加速度，切向加速度是与物体速度方向共线的，它标志着物体速度大小的变化还是方向的变化？

③F_2产生指向圆心的加速度，这就是向心加速度，它始终与速度方向垂直，其标志就是速度方向的改变还是速度大小的改变呢？

④仅有向心加速度的运动是匀速圆周运动，同时具有向心加速度和切向加速度的圆周运动，就是变速圆周运动吗？试分别举例说明。

⑤运动轨迹既不是直线也不是圆周的曲线运动，可以称为什么样的曲线运动？

⑥尽管一般曲线运动各个位置的弯曲程度不一样，但在研究时，可以把这条曲线分割为许多很短的小段，质点在每小段的运动都可以看作怎么样的运动？这样在分析质点经过曲线上某位置的运动时，都可以处理成怎么样的运动？

〖回顾反思设问〗

物体的运动按照轨迹来分，可以分为直线运动和曲线运动。那么曲线运动又可以分为怎样的运动呢？处理一般曲线运动的方法是什么？

7.《物理必修2》（人教版）中“生活中的圆周运动”的设问

（1）关于“铁路的弯道”的设问

〖教学引入设问〗

①请思考：火车转弯时，实际是在做圆周运动，因而具有向心加速度。是什么力使它产生向心加速度呢？

②高速公路在转弯处，公路的内、外两侧路面一样高吗？

〖新课学习设问〗

①如果铁路弯道的内、外轨一样高，外侧车轮的轮缘挤压外轨，使外轨发生弹性形变，外轨对轮缘的弹力提供火车转弯的向心力，但是火车的质量太大，靠这种办法得到向心力，轮缘和外轨间的相互作用力太大，会造成怎样的后果？

②如果在弯道时外轨略高于内轨，火车转弯时铁轨对火车的支持力F_N的方向不再是竖直的，而是斜向弯道的内侧的，它与重力G的合力指向圆心，为火车转弯提供了一部分向心力，这就减轻了轮缘与哪条铁轨的挤压？这种做法的好处是什么？

③在修筑铁路时，能否根据弯道的半径和规定的行驶速度，适当选择内、外轨的高度差，使火车转弯时所需的向心力几乎完全由重力G和支持力F_N的合力来提供？若可以，请推导出这几个物理量之间的关系式，即火车转弯的理想速度V_0。

〖回顾反思设问〗

①请思考：火车轨道在转弯处，有个标牌上面写有“120”，则其含义是什么？

②若火车转弯的实际速度大于此弯道处的理想速度V_0，则火车的哪个轮缘和哪个轨道之间具有侧向的挤压力？若火车转弯速度V_0越大，则这种侧向的挤压力如何变化？

③若火车转弯的实际速度小于此弯道处的理想速度V_0，则火车的哪个轮缘和哪个轨道之间具有侧向的挤压力？若火车转弯速度V_0越小，则这种侧向的挤压力如何变化？

④请思考：我们经常看到某国的火车在转弯处出现脱轨现象，那么造成此现象的主要原因是什么？

⑤请思考：在场地自行车比赛馆，为何赛道不是水平的，而是外侧要远高于内侧？盘山公路在转弯处为何也是外侧路面要略高于内侧路面？

（2）关于“拱形桥”的设问

〖教学引入设问〗

①生活中常见的公路桥，它的桥面有哪些形状？

②你见过路面是凸形的桥吗？你见过路面是凹形的桥吗？

〖新课学习设问〗

①若公路桥的桥面是水平的，试分析汽车在过桥的过程中，对桥面的压力大小和自身重力大小之间的关系？

②若公路桥的桥面是拱形的，试分析汽车在过桥的过程中，通过桥面的最高点时，对桥面的压力大小和自身重力大小之间的关系。若汽车在桥面的最高点的速度越大，则它对桥面的压力越大还是越小？

③请思考：为何大型承重桥的桥面一般造成拱形的？

④若公路桥的桥面是凹形的，试分析汽车在过桥面的过程中，通过桥面的最低点时，对桥面的压力大小和自身重力大小之间的关系？若汽车在桥面的最低点的速度越大，它对桥面的压力越大还是越小？

⑤为何大型承重桥的桥面一般不能造成凹形的？

〖回顾反思设问〗

请思考：地球可以看作一个巨大的拱形桥，假设桥面的半径是地球的半径R（约为6400 km）。地面上一辆汽车在行驶，其重量是G，地面对它的支持力是F_N，根据上面的分析，汽车速度越大，地面对它的支持力就越小。会不会出现这样的情况，速度大到一定的程度时，地面对车的支持力是零？这时驾驶员与座椅之间的压力是多少？驾驶员躯体各部分之间的压力是多少？他这时可能有怎样的感觉？

（3）关于“航天器的失重现象”的设问

〖教学引入设问〗

①什么是失重现象？物体产生失重的条件是什么？物体处于失重状态时，它受到的重力会减小吗？

②什么是完全失重状态？物体产生完全失重的条件是什么？此时物体完全不受重力

的作用吗?

〖新课学习设问〗

①若航天器绕地球做匀速圆周运动，当飞船距离地面高度约为一两百千米时，它的轨道半径近似等于地球的半径R，此时航天员受到地球的引力。那么，除了地球引力外，你能推导出此时宇航员可能受到飞船座舱对他的支持力吗?

②由推导结果可以得出，此时飞船座舱对航天员的支持力为0。这说明此时航天员处于失重状态还是超重状态?

③有人把航天器的失重原因说成是它离地球太远，从而摆脱了地球的引力，这种说法对吗? 假设没有地球引力的存在，航天器还能绕着地球做圆周运动吗?

〖回顾反思设问〗

①航天器相对地球做圆周运动时，宇航员处于完全失重状态，若航天器相对地球做椭圆运动时，宇航员还会处于完全失重状态吗?

②有人说：任何在空中关闭发动机的飞行器，如果不受空气的阻力，这些物体都是一个完全失重的状态。例如，向空中任何方向抛出的容器，其中的所有物体都处于失重状态。你认为他的这种说法正确吗?

（4）关于“离心运动”的设问

〖教学引入设问〗做圆周运动的物体为何总有沿着切线方向飞出去的倾向? 但它为什么又没有飞出去且保持原先的半径不变? 假设向心力突然消失，物体将沿哪个方向飞去?

〖新课学习设问〗

①质量为m，速度为v，半径为r的物体，若做匀速圆周运动，需要多大的力提供向心力? 请写出关系式。

②做圆周运动的物体，除了向心力突然消失，这种情况下物体沿切线方向飞出，若合力不足以提供物体所需的向心力，物体将如何运动?

③怎样的运动叫作离心运动? 离心运动的条件是什么?

④离心运动在生活中有很多应用。例如，洗衣机脱水时利用离心运动将附着在衣服上的水分甩掉。请利用所学知识解释甩干桶的转速越快，为何甩干效果就越好?

⑤离心运动在生产中也有很多应用。例如，在炼钢厂中，把熔化的钢水浇入圆柱形模子，模子沿圆柱的中心轴线高速转动，钢水由于离心运动趋于周壁，冷却后就形成无缝钢管。采用这种离心制管的技术，除了制造水泥管道和水泥电线杆外，你还知道可以制造哪些工件?

〖回顾反思设问〗

①人们有时利用离心运动，但有时离心运动也会带来危害。在水平公路上行驶的

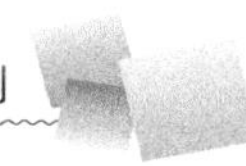

汽车，转弯时所需的向心力是由车轮和路面之间的静摩擦力提供的。如果转弯时速度过大，汽车为何容易做离心运动而造成事故？所以在公路的弯道处，车辆不允许超过规定的速度。

②高速转动的砂轮、飞轮等，都不得超过允许的最大转速，若转速过高时，为何它们容易破裂而酿成事故？自行车前、后车轮处都固定两个挡泥板，请分析它的安装位置有何不同？

③请分析：做匀速圆周运动的物体，其所需的向心力和提供的向心力之间应该满足怎样的关系？若物体做离心运动，则所需的向心力和提供的向心力之间应该满足怎样的关系？若物体做近心运动，则所需的向心力和提供的向心力之间应该满足怎样的关系？

第七章 万有引力与航天

一、《物理必修2》（人教版）中“万有引力与宇宙航行”的内容设问

1.行星的运动

(1) 关于“地心说”和“日心说”的设问

〖教学引入设问〗

你认为宇宙的中心是地球还是太阳？你的依据有哪些？

〖新课学习设问〗

阅读《物理必修2》（人教版）第32页，回答以下问题：

在古代，人们对于天体的运动存在着“地心说”和“日心说”两种完全对立的看法。

①“地心说”认为地球是宇宙的中心，静止不动的，而太阳、月亮以及其他行星都绕地球运动，为何这种观点符合人们的直接经验？

②“日心说”认为太阳是静止不动的。地球和其他行星都绕太阳运动，经过长期争论，哪种学说最终被人们接受？

③无论“地心说”还是“日心说”，古代都把天体运动看得很神圣，认为天体运动必然是最完美、最和谐的什么运动？

④德国天文学家开普勒用了20年的时间，研究了丹麦天文学家第谷的行星观测记录，发现假设行星的运动是匀速圆周运动，计算所得的数据和观测的数据不符，只有假设行星绕太阳运动轨道是什么样的运动，才能更好地解释这种差别？

〖回顾反思设问〗

阅读《物理必修2》（人教版）第33页的“科学足迹”，回答以下问题：

①什么样的星星叫“恒星”？它们在太空的位置是固定不变的吗？

②什么样的星星叫“行星”？水星、金星、火星、木星和土星为何叫作“行星”？

③人类对“行星”运动轨迹的认识过程是怎样的？什么是“本轮”？什么是“轮上轮”？

（2）关于“开普勒行星运动定律”的设问

〖教学引入设问〗

①如何用一条细绳和两个图钉画一个椭圆？在画的过程中，可以得出椭圆上某个点到两个焦点之间的距离之和与椭圆上另一个点到两个焦点的距离之和有什么关系？

②“日心说”的主要内容是什么？

〖新课学习设问〗

请阅读《物理必修2》（人教版）第32页，回答以下问题：

①开普勒第一定律的内容是什么？为什么把开普勒第一定律也叫作行星的轨道定律？

②开普勒第二定律的内容是什么？为什么把开普勒第二定律也叫作行星的面积定律？由于行星运动的轨道不是圆，行星绕太阳的距离在不断发生变化，这个定律告诉我们，当行星离太阳比较近的时候运行速度较快，而离太阳较远的时候运行速度比较慢，为什么？

③开普勒第三定律的内容是什么？为什么把开普勒第三定律也叫作行星的周期定律？若用a表示椭圆轨道的半长轴，T代表公转周期，开普勒第三定律的表达式如何表示？其中比值K是对所有行星适用的常量吗？这个常量由哪些物理量来决定？

〖回顾反思设问〗

行星的轨道与圆十分接近，在中学阶段的研究中行星的轨道按圆轨道处理，这样开普勒行星运动定律就可以这样说：

①行星绕太阳运动的轨道十分接近于圆，太阳处在圆的哪个位置？

②对某一个行星来说，它绕太阳做圆周运动的角速度（或线速度）的大小不变，即行星做匀速圆周运动，为什么？

③所有行星轨道半径的三次方跟它的公转周期的二次方的比值都相等吗？为什么？

（3）关于“人类对行星运动规律的认识”的设问

〖教学引入设问〗

你了解“人类对行星运动规律的认识”的曲折过程吗？

〖新课学习设问〗

请阅读《物理必修2》（人教版）第33页，回答以下问题：

①你知道“地心说”的典型代表人物是谁吗？

②你知道在15世纪“日心说”的典型代表人物是谁吗？他为何因此付出了生命

代价?

③16世纪哪位科学家发明了望远镜，再次证明了伽利略“日心说”的正确性，从此使人类来到了牛顿物理学的门前?

④开普勒利用哪位天文家观测的大量数据，最终从理论角度得出了行星运动所遵循的开普勒行星运动的三大定律?不过，开普勒并不知道，他所发现的三大定律包含着极其重大的“天机”，那就是万有引力定律，这是为什么?

〖回顾反思设问〗

①开普勒观念的基础是“日心说”。从表面上看“日心说”不过是“地心说”参考系的改变，但为何说这是一次真正的科学革命?

②宇宙中心的转变暗示了宇宙可能根本没有中心，这种观念的变革，在哥白尼那里还是隐含的，意大利学者布鲁诺将它公开说了出来，为什么会被宗教裁判所烧死在罗马的鲜花广场?他可以说是为了科学付出了生命的代价，你还知道我们国家有哪些科学家也为了科学付出了生命代价吗?

2.太阳与行星间的引力

(1)关于“太阳对行星的引力”的设问

〖教学引入设问〗

请阅读《物理必修2》(人教版)36页，回答以下问题:

①开普勒定律发现之后，人们开始更深入地思考:是什么原因使行星绕太阳运动?

②除了伽利略、开普勒以及法国数学家笛卡尔提出过自己的解释外，牛顿时代的科学家，如胡可等人认为，行星绕太阳运动是因为受到太阳对它的引力，甚至证明了如果行星的轨道是圆形的，它所受引力的大小跟行星到太阳距离的二次方成什么关系?

③牛顿在前人对惯性研究的基础上，开始思考“物体怎样才会不沿直线运动”这一问题。他的回答是:以任何方式改变速度(包括改变速度的方向)都需要力。这就是说行星沿圆或椭圆运动，需要指向圆心或椭圆焦点的力，这个力应该就是谁对它的引力?

④牛顿如何利用运动定律(地面上做圆周运动的物体所遵循的牛顿运动第二定律)，把行星做圆周运动的向心加速度与太阳对它的引力联系起来的?

〖新课学习设问〗

请阅读《物理必修2》(人教版)第37页，回答以下问题:

①追寻牛顿的足迹，你能推导出太阳对行星引力的表达式吗?若可以，请写出推导过程。

②由太阳对行星引力的表达式可得，太阳对行星引力的大小，与谁的质量成正比?

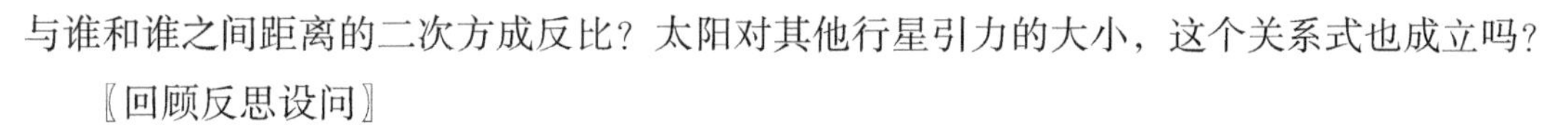

与谁和谁之间距离的二次方成反比？太阳对其他行星引力的大小，这个关系式也成立吗？

〖回顾反思设问〗

以上关系式的推导，是牛顿利用行星做怎样运动的基础上得出的？

（2）关于“行星对太阳的引力”的设问

〖教学引入设问〗

根据牛顿运动第三定律可知，若太阳对行星有引力，则行星对太阳也有引力，这两个力的大小有什么关系？

〖新课学习设问〗

①就太阳对行星的引力来说，谁是受力星体？因此，可以说上述引力是与受力星体的质量成正比。

②为何说：从太阳与行星间相互作用的角度来看，两者的地位是相同的，也就是说，既然太阳吸引行星，行星也必然吸引太阳。就行星对太阳的引力来说，太阳是受力星体，因此，行星对太阳引力的大小应该与太阳的质量大小成正比，与行星、太阳距离的二次方成反比。

〖回顾反思设问〗

通过学习，你认为天体之间所遵循的规律与地面之间的物体所遵循的规律相同吗？

（3）关于“太阳与行星的引力”的设问

〖教学引入设问〗

如何探究物体的加速度跟物体受到的力、物体质量之间的关系？

〖新课学习设问〗

①由以上推导可知，太阳对行星引力的大小与行星和太阳距离的二次方成反比，而与谁的质量大小成正比？

②由以上推导可知，行星对太阳引力的大小也与行星和太阳距离的二次方成反比，而与谁的质量大小成正比？

③根据什么定律可知，行星与太阳之间引力的大小与行星和太阳距离的二次方成反比，而与太阳和行星质量的乘积大小成正比？它们之间引力的方向沿着哪个方向？

〖回顾反思设问〗

开普勒用三句话概括了第谷积累的数千个观测数据，展示了行星运动的规律，与原始数据相比，既深刻又简洁。如何理解牛顿利用数学方法以及他的定律得出的太阳与行星之间的引力关系比开普勒定律更深刻、更简洁？这个关系也说明了行星绕太阳运动的原因。

3.万有引力定律

（1）关于“月-地检验”的设问

〖教学引入设问〗

①通过上一节的分析，我们已经知道了太阳与行星之间作用力的规律，能够完全解释行星的运动了。但是你是否想过：既然是太阳与星星之间的力使得行星不能飞离太阳，那么，是什么力使得地面上的物体不能离开地球，总要落回到地面上呢？也就是说在地球表面，使树上的苹果下落的力与太阳、地球之间的引力是不是同一种性质的力呢？

②即使在最高的建筑物上或最高的山顶上，我们也都会感受到重力的作用，那么这个力必定会延伸到远得多的地方。你是否想过，这种重力会不会也作用到月球上？也就是说，拉住月球使它绕地球运动的力，与拉着苹果下落的力，以及太阳与地球、众行星之间的作用力是否真的是同一种性质的力，遵循相同的规律？

〖新课学习设问〗

请阅读《物理必修2》（人教版）第39页相关内容，回答以下问题：

①假定维持月球绕地球运动的力与使得苹果下落的力是同一种性质的力，同样遵循“平方反比”的规律，那么由于月球轨道半径约为地球半径（苹果到地心的距离）的60倍，所以月球轨道上一个物体受到的引力比它在地面附近受到的引力要小，前者只有后者的多少分之一？

②根据牛顿运动第二定律，物体在月球轨道上运动时的加速度（月球公转的向心加速度）应该大约是它在地面附近下落时加速度（自由落体加速度）的多少分之一？

③若已知月球与地球之间的距离、月球公转的周期，你能推导出月球运动的向心加速度吗？

④若计算结果跟我们的预期符合得很好，这表明地面物体所受地球的引力和月球所受地球的引力与太阳和行星间的引力有什么关系？

〖回顾反思设问〗

如果要验证太阳与行星之间引力的规律是否适用于行星与其他的卫星，我们需要关注这些运动的哪些数据？观测前你对这些数据的规律有什么假设？

（2）关于“万有引力定律”的设问

〖教学引入设问〗

请思考：我们对万有引力的理解能否更具体一些。

①既然太阳与行星之间、地球与月球之间，以及地球与地面物体之间具有“与两个物体质量的乘积成正比，与它们之间距离的二次方成反比”的吸引力，是否任意两个物

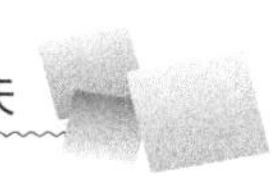

体之间都有这样的力呢？

②可能有这样的力，是不是由于身边物体比天体的质量要小得多，它们之间的引力极小不宜觉察呢？

③我们是否可以大胆地将以上结论推广到宇宙的一切物体？

〖新课学习设问〗

请阅读《物理必修2》（人教版）第37页，回答以下问题：

①请你说出“万有引力定律”的内容是什么？其中“万有”的含义是什么？

②定律中所指的“两个物体之间距离”到底是指两个物体哪两部分的距离？

③两个物体的大小与它们之间的距离满足什么条件，两个物体就可以看作质点？此时“两个物体之间距离”是指哪两部分的距离？

④如果是地球和月球等球体，由牛顿应用微积分的方法得知，这个距离应该是哪两部分的距离？

〖回顾反思设问〗

万有引力定律清楚地向我们揭示，复杂运动的后面隐藏着简洁的科学规律。如何理解天上和地上的物体都遵循着完全相同的科学法则？

（3）关于“引力常量”的设问

〖教学引入设问〗

牛顿得出了万有引力与物体质量及它们之间距离的关系，但却无法算出两个天体之间万有引力的大小，为什么？

〖新课学习设问〗

请阅读《物理必修2》（人教版）第40页，回答以下问题：

①英国物理学家卡文迪许在实验室通过怎样的一个实验装置巧妙地、比较准确地测出引力常量G？为何卡文迪许会获得诺贝尔物理学奖？

②引力常量G的数值是多少？其单位是什么？

③为何引力常量是自然界少数几个最重要的物理常量之一？你还知道哪些重要的物理常量？

〖回顾反思设问〗

卡文迪许在对一些物体间的引力进行测量并计算出引力常量G后，又测量出多种物质间的引力，所得结果与利用引力常量G按万有引力定律计算所得的结果完全相同。如何理解“引力常量的普适性成了万有引力定律正确性的最早证据”？

4.万有引力理论的成就

(1) 关于“科学真是迷人”的设问

〖教学引入设问〗

①如何用普通的台称测出一头大象的质量？其原理是什么？

②如何较精确地测出一张纸的厚度？其原理是什么？

〖新课学习设问〗

①地球的质量不可能用天平称量，那么如何测出地球的质量？

②如果不考虑地球自转的影响，地面上质量为m的物体所受的重力mg等于地球对物体的万有引力，若已知引力常量G，要测出地球的质量，还需要已知哪些物理量？请你写出对应的关系式。

〖回顾反思设问〗

在实验室里测量出几个铅球之间的作用力，就可以称量地球的质量，这不能不说是一个科学的奇迹。为什么著名文学家马克-吐温满怀激情地说：“科学真是迷人。根据零星的事实，增添一点猜想，竟能赢得那么多收获”？

(2) 关于“计算天体的质量”的设问

〖教学引入设问〗

利用地面上质量为m的物体所受的重力mg，等于地球对物体的万有引力，就可以称量地球的质量，那么如何称量太阳的质量？

〖新课学习设问〗

请阅读《物理必修2》(人教版) 第42页，回答以下问题：

①如何利用万有引力定律计算太阳的质量？思考这个问题的出发点是行星绕太阳做匀速圆周运动的向心力是哪个力提供的？

②设M是太阳的质量，m是某个行星的质量，r是行星与太阳之间的距离，那么要测出太阳的质量，还需要已知行星的哪些物理量？请你写出有关方程。

③如果已知卫星绕行星运动的周期和卫星与行星之间距离，可以算出行星的质量还是可以算出卫星的质量？

④目前，观测人造卫星的运动是测量地球质量的重要方法之一，请你说出测量原理。

〖回顾反思设问〗

在地球-卫星模型中，可以测出地球的质量。在太阳-地球模型中，可以测出谁的质量？在行星-卫星模型中，又可以测出谁的质量？可见在中心天体-环绕天体模型中，只

能测出哪个天体的质量？

（3）关于“发现未知天体”的设问

〖教学引入设问〗

到了18世纪，人们已经知道太阳系的7颗行星，其中1781年发现的第7颗行星——天王星的运动轨道有些“古怪”，根据万有引力定律计算出来的轨道与实际观测的结果总有一些偏差。有些人据此认为万有引力定律的准确性有问题，但另一些人则推测，在天王星轨道外面还有一颗未发现的行星，它对天王星的吸引力使其轨道产生了偏离。到底谁的说法正确呢？

〖新课学习设问〗

请阅读《物理必修2》（人教版）第42页，回答以下问题：

①哪两位科学家相信未知行星的存在？他们根据天王星的观测资料，各自独立地利用万有引力定律计算出这颗“新”行星的轨道。

②哪位德国科学家首次在勒维耶预言的位置附近发现这颗被后人称为“笔尖下发现的行星（海王星）呢”？

③海王星的发现和哪颗彗星的“按时回归”确立了万有引力定律的地位，也称为科学史上的美谈？

〖回顾反思设问〗

①为什么诺贝尔物理学奖获得者，物理学家冯–劳厄说：“没有任何东西像牛顿引力理论对行星轨道的计算那样，如此有力地树立起人们对年轻的物理学的崇敬，从此以后，这门自然科学成了巨大的精神王国……”

②近一百年来，人们在海王星轨道的外侧又发现了哪些较大的天体？

③黑暗寒冷的太阳系边缘还会存在人类没有发现的天体吗？若存在，为何在地球上看不见？若要发现这些未知天体，人类应该如何去做？

④有人问李政道教授，在他做学生时，刚一接触物理学，什么东西给他的印象最深？他毫不迟疑地回答，是物理学法则的普适性深深地打动了他。你怎样理解物理学基本规律的简洁性和普适性，使人充分领略它的优美，激励着一代又一代科学家以无限热情献身于对科学规律的探索？

5.宇宙航行

（1）关于“宇宙速度”的设问

〖教学引入设问〗

由平抛运动的知识可得，在高度一定时，平抛物体的初速度越大，它会落得越远吗？

请说出你的理论依据。

〖新课学习设问〗

①牛顿在思考万有引力定律时就曾想过，把物体从高山上水平抛出，速度一次比一次大，落地点也就一次比一次远，如果速度足够大，物体就会出现什么现象？什么是人造卫星？

②设地球的质量为M，绕地球做匀速圆周运动的飞行器的质量为m，飞行器的速度为v，它到地心的距离为r，飞行器所需向心力是由地球的万有引力提供，试计算在高山顶上物体至少以多大的速度水平抛出，将不再落回地面而绕地球做圆周运动？

③什么是地球的第一宇宙速度？它的数值是多少？你会用多种方法计算第一宇宙速度的数值吗？为什么把第一宇宙速度也叫作环绕速度？

④如何理解第一宇宙速度是人造卫星的最大环绕速度？请说出你的理论依据。

⑤如何理解第一宇宙速度是人造卫星的最小发射速度？请说出你的理论依据。

⑥什么是地球的第二宇宙速度？它的数值是多少？为什么把第二宇宙速度叫作脱离速度？

⑦什么是地球的第三宇宙速度？它的数值是多少？为什么把第三宇宙速度叫作逃逸速度？

⑧不同的天体，其第一宇宙速度都相同吗？为什么？你会推导出火星的第一宇宙速度吗？

〖回顾反思设问〗

在高山顶上把一个物体水平抛出，回答以下问题：

①抛出速度小于第一宇宙速度，物体将如何运动？

②抛出速度恰好等于第一宇宙速度，物体将如何运动？

③抛出速度大于第一宇宙速度而小于第二宇宙速度，则物体将如何运动？其运动轨迹如何？

④抛出速度大于第二宇宙速度而小于第三宇宙速度，则物体将如何运动？

⑤抛出速度大于第三宇宙速度，则物体将如何运动？

（2）关于“梦想成真”的设问

〖教学引入设问〗

阅读《物理必修2》（人教版）第44页，回答以下问题：

①为什么说通过科学思想真正为人类迈向太空的，是生于19世纪中叶的俄罗斯学者齐奥尔科夫斯基？

②为什么说利用喷气推进的多级火箭是实现太空飞行的最有效的工具？

〖新课学习设问〗

阅读《物理必修2》（人教版）第44页，回答以下问题：

①第一颗人造卫星在哪个国家发射成功？

②哪位苏联宇航员是第一个搭载东方1号载人飞船进入太空且安全返回地面的？

③1969年，阿波罗11号飞船在月球表面着陆，拉开了人类登月这一伟大历史事件的序幕。人类第一个踏上月面的宇航员阿姆斯特朗曾说过一句载入史册的名言：“对个人来说，这不过是小小的一步，但对人类而言，却是巨大的飞跃。”你是如何理解这句话的？

④我国第一位进入太空的宇航员是哪位？这次成功发射实现了中华民族千年的飞天梦想，标志着中国成为世界上第几个能够独立开展载人航天活动的国家，为进一步科学空间研究奠定了坚实的基础？我们国家的航天发展历史你了解吗？

〖回顾反思设问〗

尽管人类已经跨入太空，登上月球，但是相对于宇宙之宏大，地球和月球不过是茫茫宇宙中的两粒尘埃，相对于宇宙之久长，人类历史不过是宇宙年轮上一道道小小的刻痕……宇宙留给人们的思考和疑问深邃而广阔。那么，你是否想过宇宙有没有边界？有没有起始终结？地外文明在哪里？

爱因斯坦曾说过：“一个人最完美和最强烈的情感来自面对不解之谜。”你想加入揭开谜底的行列吗？

6.经典力学的局限性

（1）关于“低速到高速”的设问

〖教学引入设问〗

经典力学的基础是牛顿运动定律，万有引力定律更是建立了对牛顿物理学的尊敬。牛顿运动定律和万有引力定律在宏观、低速、弱引力等广阔领域的研究中，经受了实践的检验，取得了巨大的成就。从地面上的运动到天体的运动，从大气的流动到地壳的变动，从拦河筑坝、建筑桥梁的设计到各种机械的设计，从自行车到汽车、火车、飞机等现代交通工具的运动，从投出篮球到发射导弹、人造卫星、宇宙飞船等，所有这些都服从经典力学的规律。经典力学在如此广阔的领域里与实际相符合，显示出牛顿运动定律的正确性和经典力学的魅力。但是你是否想过，经典力学是否穷尽一切真理？它像一切科学一样，也有自己的局限性；它像一切科学理论一样，是一部未完成的交响曲。

〖新课学习设问〗

阅读《物理必修2》（人教版）第48页，回答以下问题：

①物体怎样的运动速度算低速？物体怎样的运动速度算高速？

②经典力学中，物体的质量随运动状态改变吗？

③什么是爱因斯坦的狭义相对论？他认为物体速度接近多少时，物体就不遵循经典力学规律？

④狭义相对论指出，物体的质量会随着运动速度的增大而增大。若物体静止时的质量为m_0，m是物体速度为v时的质量，c是真空中的光速，则它们之间的关系式是什么？

〖回顾反思设问〗

牛顿时空观与我们的经验是那样吻合，以至于我们会情不自禁地想，时间和空间的概念太浅显了，牛顿时空观是天经地义的。爱因斯坦提出了一种崭新的时空观念，他指出，在研究物体的高速运动（速度接近真空中的光速）时，物体的长度即物体占有的空间以及物理过程，甚至还有生命过程的持续时间，都与它们的运动状态有关吗？

（2）关于“微观到宏观”的设问

〖教学引入设问〗

①什么是微观物体？请举例说明。

②什么是宏观物体？请举例说明。

〖新课学习设问〗

阅读《物理必修2》（人教版）第50页，回答以下问题：

①19世纪末和20世纪初，物理学研究深入到微观世界，那么人类首先发现的是电子、质子还是中子？

②这些微观粒子除了具有粒子性外，在大多数情况下，它们的运动规律无法用经典力学来说明，所以它们还具有什么特性？

③20世纪20年代，量子力学建立了，它能够很好地描述微观粒子的运动规律，这就说明微观粒子对经典力学不适用吗？

〖回顾反思设问〗

相对论和量子力学的出现，说明人类对自然界的认识更加广泛和深入，那么是否表示经典力学失去了意义？经典力学的适用范围是宏观物体还是微观物体，是低速运动的物体还是高速运动的物体？

（3）关于“科学足迹”的设问

〖教学引入设问〗

你知道牛顿在科学方面对人类有哪些伟大的贡献吗？

〖新课学习设问〗

阅读《物理必修2》（人教版）第51页，回答以下问题：

①你是否知道经典力学理论体系的建立者是伟大的科学家牛顿？

②牛顿在去世前，说了一段有名的话："如果我所见到的比笛卡尔要远些，那是因为我站在巨人的肩膀上。"你是如何理解这句话的？他所说的巨人主要是指哪些科学家？

③你是否知道牛顿的科学方法是以培根的实验归纳法为基础，又吸收了笛卡尔的数学演绎体系，形成了一项比较全面的科学方法吗？

④你是否了解"重视实验，从归纳入手"？这是牛顿科学方法论的基础吗？牛顿曾说过："为了决定什么是真理而去对可以解释现象的各种说法加以推敲，这种方法我认为是行之有效的……探求事物属性的准确方法是从实践中把它们推导出来。"牛顿在实验上具有高度的严谨性和娴熟的技巧，这对今天的我们有什么启示？

⑤你是否知道牛顿在谈到自己工作方法的奥妙时说："要不断地对事物深思"吗？即为了归纳成功，不仅需要可靠的资料和广博的知识，而且要有清晰的逻辑头脑，要善于从众多的事实中挑选出几个最基本的要素，形成深刻反映事物本质的概念，然后才能以此为基石找出事物之间的各种联系并得出结论。

⑥伽利略、笛卡尔和惠更斯等用位移、速度、加速度、动量等一系列科学概念代替了古希腊人模糊不清的自然哲学概念；而牛顿的功绩是在把科学概念系统化的同时，贡献出哪两个关键性的概念？从而综合天体和地面上物体的运动规律，形成深刻反映事物本质的科学体系。

⑦为什么牛顿的数学才能帮助他解决了旁人解不开的难题？事物之间的本质联系只有通过数学才能归纳为能够测量、应用和检验的公式和定律。他把力和质量等基本概念定义为严格的物理量，并且创造出新的数学工具来研究变量与时间的关系，从而建立了运动学的三大定律和万有引力定律。

〖回顾反思设问〗

牛顿有一句名言："我不知道世人怎样看我，可我自己认为，我好像只是一个在海边玩耍的孩子，不时地为比别人找到一块更光滑、更美丽的卵石和贝壳而感到高兴，而在我面前的真理海洋，却完全是个谜。"从这句话中，你可以窥见他有怎样的精神境界？当然，并非他所做的每件事都值得尊重，他有许多年陷入炼金术以及其他神秘探索，也很难包容持不同意见的人等。他犯过的错误和性格上的弱点也许被人们知道得更多，但他仍是一位无与伦比的巨人。

二、《物理选修3-1》（人教版）中电学实验教学内容的设问

1.电表的改装

（1）关于“电流表的表头”的设问

〖教学引入设问〗

若你手头只有小量程的电流表和电压表，但要测量强电流和高电压，应该怎么办？

〖新课学习设问〗

阅读《物理选修3-1》（人教版）相关内容，回答下列问题：

①常用的电压表和电流表都是由一个表头改装而成的，一般用字母G来表示。表头是一个量程很小的电流表还是电压表？

②表头的内阻r_G是指什么？它一般在几百欧姆到几千欧姆之间。

③表头的满偏电流I_G的含义是什么？其数值一般是微安级还是毫安级？

④表头的满偏电压U_G的含义是什么？其数值一般在毫伏级还是微伏级，为什么？

〖回顾反思设问〗

表头的三个主要参量是什么？实际的生活和生产中，我们遇到的电流一般比较强，远大于微安级或毫安级；遇到的电压一般比较高，远大于微伏级或毫伏级，那么，如何利用表头去测量强电流和高电压？

（2）关于“表头改装为大量程的电压表”的设问

〖教学引入设问〗

①串联电路中，各电阻两端分得的电压与其电阻成正比还是成反比？依据是什么？

②现有一个表头，如何改装为大量程的电压表？

〖新课学习设问〗

阅读《物理选修3-1》（人教版）相关内容，回答下列问题：

①把一个表头改装为大量程的电压表，应该串联一个电阻还是并联一个电阻？改造后电压表的量程越大，则串联或并联的电阻越大还是越小？说出你的理论依据。

②若改装后电压表的量程是表头满偏电压的n倍，用此电压表去测电压，则实际电压是表头显示电压的多少倍？

〖回顾反思设问〗

有人说电压表本质仍然是一只电流表，你认为他的说法正确吗？

（3）关于“表头改装为大量程的电流表”的设问

〖教学引入设问〗

①并联电路中，各支路电阻分得的电流与其电阻成正比还是成反比？依据是什么？

②现有一个表头，如何改装为大量程的电流表？

〖新课学习设问〗

阅读《物理选修3-1》（人教版）相关内容，回答下列问题：

①把一个表头改装为大量程的电流表，应该串联一个电阻还是并联一个电阻？改造后电流表的量程越大，则串联或并联的电阻越大还是越小？说出你的理论依据。

②若改装后电流表的量程是表头满偏电流的n倍，若用此电流表去测电流，则实际电流是表头显示电流的多少倍？

〖回顾反思设问〗

①若已知表头的内阻为r_G，串联电阻的阻值为R，则改装后的电压表内阻为多少？改装后的电压表的量程越大，则其内阻越大还是越小？

②若已知表头的内阻为r_G，并联电阻的阻值为R，则改装后的电流表内阻为多少？改装后的电流表的量程越大，则其内阻越大还是越小？

（4）关于“电表（电压表、电流表、欧姆表等）的读数”的设问

〖教学引入设问〗

①电压表是用来测电压这个物理量的，那么它的使用原则有哪些？

②电流表是用来测电流这个物理量的，那么它的使用原则有哪些？

③欧姆表是用来测电阻这个物理量的，那么它的使用原则有哪些？

〖新课学习设问〗

①如果电流表和电压表刻度的最小分度（最小刻度所对应的数值）是“2”的（包括0.2、0.02等），则读数时应该估读到最小分度的哪一位？例如，实验室学生所用安培表有0～0.6 A档，这种表的最小分度是多少？应该如何读数？若表的刻度的最小分度是“5”的（包括0.5、0.05等），这种表的最小分度是多少？应该如何读数？

②如果电流表和电压表刻度的最小分度是“1”的（包括0.1、0.01等等），需要估读到最小分度的哪一位？例如，实验室学生所用安培表有0～3 A档，这种表的最小分度是多少？应该如何读数？

〖回顾反思设问〗

①在高中常见的物理实验仪器中，不需要估读的测量仪器除了有游标卡尺外，你还知道有哪些？

②欧姆表由于刻度不均匀，一般可以不估读或按半刻度估读。但是如果指针所对应位置的最小刻度是“1”，且选择开关所选倍率是多少时，一般要估读到最小刻度的下

一位？

（5）关于“两种电表（电流表和电压表）的使用技巧”的设问

〖教学引入设问〗

你还记得初中物理中所学的电压表和电流表的使用原则吗？

〖新课学习设问〗

①在使用电压表和电流表之前，一般都要进行机械调零，为什么？如何进行机械调零？

②在用电压表和电流表测量之前，应估算电路中的电压值或电流值的大小，所选电表的量程不宜过大，应使指针偏转到满刻度的几分之一以上？所选电表的量程也不宜过小，为什么？如果无法估算电路中电流的数值和电压的数值，则应该先选用较大的量程还是较小的量程去试触？若指针的偏角过小，再逐步增大还是减小电表的量程，直到符合实验要求为止？

③电流表应该和被测电路串联在一起，电压表应该和被测电路并联在一起，两种表都应该使电流从哪个接线柱流入表头，从哪个接线柱流出？

④根据所选电表量程的精确度，如何按照规则正确地读出表头的示数？

〖回顾反思设问〗

你是否知道实验中最容易在测量单位或有效数字的保留方面犯错误吗？

2.电路的连接及仪器的选择

（1）关于“电学仪器的选择”的设问

〖教学引入设问〗

①电学仪器的选择，经常是高考实验题必须考查的重点和难点，更是热点。如何根据各实验测量的目的、测量的要求和所给的实验器材进行合适的电学仪器的选择，以及相应电路的设计，既可以达到实验的要求及实验的目的，又可以提高实验测量的精确度？

②电学仪器的选择，一般应该考虑到三个方面的因素，除了实验安全的原则、测量准确的原则，还有什么原则？要考虑电路的哪些安全因素？还要考虑电路的哪些误差因素？在电表量程符合测量要求的情况下，要尽可能选择量程较小的还是较大的电表或接线柱？在选用滑动变阻器时，既要考虑对用户提供的电压的变化范围能满足实验要求，又要便于调节，你是如何理解的？

〖新课学习设问〗

应该根据实验的基本要求来选择实验仪器，对于这种情况，只有熟悉实验的具体原

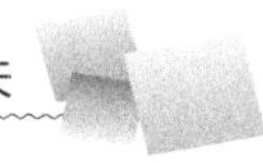

理，才能做出恰当而合理的仪器选择。实验器材选取的一般步骤有哪些？具体的实验器材选择的依据和选择的原则如下：

①电源的选择。所有的电学实验，必须要有适当电动势的电源，而电源的选择原则有哪些？一般所选电源的电动势要适当大于待测电路的额定电压，为什么？例如，在描绘小灯泡的伏安特性曲线的实验中，要求电源的电动势要适当大于小灯泡的额定电压，这是为什么？

②电流表和电压表的选择。一般是根据所选电源的电动势或待测用电器的哪个物理量来选择电压表？同样，一般根据所选电压表或待测用电器的哪个物理量来选择电流表？

③滑动变阻器的选择。根据电路中可能出现的电流或电压的范围来选择滑动变阻器；同时，要注意流过滑动变阻器的电流不能超过它的额定电流，为什么？对于阻值很大的滑动变阻器一般不宜采用，这是为什么？若滑动变阻器采用串联限流式连接时，其电阻要比负载电阻适当大一些还是小一些？若滑动变阻器采用分压式连接，则其电阻要比负载电阻适当小一些还是大一些，为什么？

〖回顾反思设问〗

选择电压表和电流表的量程时，应使电表在测量时其指针摆动的幅度要超过满刻度的几分之一？为何要这样做？

（2）关于“电流表内接法、外接法的选择”的设问

〖教学引入设问〗

①我们学习初三物理时已经知道，对于电流表，由于其内阻很小，把它串联在某个位置，这个位置相当于短路还是断路？对于电压表，其内阻很大，把它并联在某个位置，这个位置相当于短路还是断路？

②如何用电压表和电流表测量未知电阻？请画出电路图。

〖新课学习设问〗

①什么是内接法？请画出内接法的电路图。什么情况下选择内接法？这种接法的电阻测量值比真实值偏大还是偏小？为什么？

②什么是外接法？请画出外接法的电路图。什么情况下选择外接法？这种接法的电阻测量值比真实值偏大还是偏小？为什么？

〖回顾反思设问〗

在用电压表和电流表测量未知电阻时，有哪些方法可以判断电流表应该采用内接法还是外接法？

(3) 关于“控制电路（滑动变阻器的接法）的选择”的设问

〖教学引入设问〗

为何在实验电路中，一般要接入滑动变阻器（或电阻箱）？滑动变阻器（或电阻箱）在电路中的作用有哪些？

〖新课学习设问〗

①在电路中，为何滑动变阻器一般优先选择串联限流式的接法？除了这种接法电路连接简单外，还有什么原因？

②在实际的实验中，遇到以下情况之一，滑动变阻器就必须考虑选择分压式的接法，为什么？

一是要求待测电路的电压U或电流I从0开始变化；二是若滑动变阻器的阻值远远小于被测电阻的阻值，即$R_{滑} \ll R_x$；三是若滑动变阻器选用限流式接法，即使滑动变阻器的阻值调到最大，都会烧坏电表、电源或其他用电器等。

〖回顾反思设问〗

试对比滑动变阻器在电路中的两种接法，各自的优点和缺点？归纳怎样的情况下滑动变阻器选用限流式，怎样的情况下滑动变阻器选用分压式？

(4) 关于“连接实物图的基本方法”的设问

〖教学引入设问〗

在做电学实验时，如何正确地连接各电路元件？

〖新课学习设问〗

你连接实物图时，要注意以下的基本方法和步骤：

①在连接实物图之前，为何先要画出实验的电路图（实验的原理图）？

②要分析各元件在电路中的连接方式（并联还是串联），明确各电表的量程，为什么？

③在连接电路各元件时，为何一般先要从电源的正极开始，然后到电键，再到滑动变阻器或电阻箱，最后再到电源的负极？按这个顺序以单线的连接方式，将主电路中要串联的电学元件依次连起来，然后再将要并联的电学元件连到电路中（先连主要的部分，后连次要的部分；先连串联的元件，后连并联的元件），这样做的好处是什么？

④在连接电路时，电压表应和负载并联在一起，电流表应和负载串联在一起，而且电流应由电表的哪个接线柱流入，从那个接线柱流出？

⑤在电键闭合前，滑动变阻器的滑片应调到有效阻值的最大处，保证电路中用电器的安全，即保证刚开始实验时，加在用电器两端的电压要尽量大一些还是小一些？通过用电器的电流要尽量大一些还是小一些？

⑥为何在连线过程中，线尽量不要交叉，并且所有的连线必须连接到接线柱上？

〖回顾反思设问〗

①已知内阻的电压表可以当成电流表来使用，为什么？已知内阻的电流表可以当成电压表来使用，为什么？

②你知道电阻箱和滑动变阻器在电路中的作用有何不同？虽然两者的主要作用是改变电路中的电流，但它们各自的优、缺点有哪些？

③你知道电阻箱和电流表组合可以当成电压表使用吗？电阻箱和电压表组合可以当成电流表使用吗？

3.测量电阻的方法

（1）关于“伏安法测电阻”的设问

〖教学引入设问〗

若实验室有个未知电阻，如何用电压表和电流表测量其阻值？这种测量电阻的方法为何叫伏安法？请画出电路图。

〖新课学习设问〗

①什么是电流表内接法？请画出内接法的电路图。什么情况下选择内接法？这种接法的电阻测量值比真实值偏大还是偏小？为什么？

②什么是电流表外接法？请画出外接法的电路图。什么情况下选择外接法？这种接法的电阻测量值比真实值偏大还是偏小？为什么？

〖回顾反思设问〗

在伏安法测电阻的实验中，系统误差是如何产生的？这种误差可以避免吗？偶然误差是如何产生的？如何减少这种误差？

（2）关于“半偏法测电阻”的设问

〖教学引入设问〗

半偏法是一种科学而巧妙地测定电表内阻的方法，常见的有测电流表的内阻，其方法简称为“电流半偏法”；还有测电压表的内阻，其方法简称为什么？这种方法除了可以测量某个表头的内阻外，能否测其他未知电阻？为什么？

〖新课学习设问〗

①你能够画出半偏法测电流表或电压表内阻的电路图吗？你能说出实验的操作过程及步骤吗？你能说出实验的测量原理吗？

②用半偏法测电流表的内阻时，滑动变阻器应该采用限流式还是分压式的连接方法？这个实验中，一般要求滑动变阻器的阻值R很大，即远远大于电流表的内阻，为什么？

在这个实验中，电流表内阻的测量值比真实值要偏大一些还是偏小一些？请说明原因。

③用半偏法测电压表的内阻时，滑动变阻器应该采用限流式还是分压式的连接方法？在这个实验中，一般要求滑动变阻器的阻值R较小，即远远小于电压表的内阻，为什么？在这个实验中，电压表内阻的测量值比真实值要偏大一些还是偏小一些？请说明原因。

〖回顾反思设问〗

①本实验中，系统误差是如何产生的？产生偶然误差的原因有哪些？怎样可以减少这种误差？为了减小实验误差，所选电源的电动势应该大一些还是小一些，为什么？

②本实验中，电流表或电压表的指针一定要半偏吗？若指针偏到刻度盘的三分之一处或三分之二处，可以吗？

（3）关于“等效替代法测电阻”的设问

〖教学引入设问〗

为何两个分力可以代替一个合力？为何平抛运动可以处理为水平方向的匀速直线运动和竖直方向的自由落体运动？

〖新课学习设问〗

①在特定情况下，如果一个未知电阻在电路中所产生的效果与一个已知电阻在同一个电路中产生的效果相同，则可认为这两个电阻的阻值是完全相等的。如何判断两个电阻在同一电路中是等效的？

②为了使已知电阻能与未知电阻产生相同的效果（要求两者的阻值要相同），一般用电阻箱作为已知电阻，为什么？

③用等效替代法测未知电阻时，为了能够在未知电阻与电阻箱之间相互切换，一般要用到单刀双掷开关，那么能否用两个单刀单掷开关？

〖回顾反思设问〗

在测未知电阻时，若提供的实验器材中，如果有单刀双掷开关（或两个单刀单掷开关）以及电阻箱时，应该优先考虑用等效替代法测未知的电阻值，为什么？这种测量方法有系统误差吗？

（4）关于“用惠斯通电桥法测电阻”的设问

〖教学引入设问〗

用伏安法测未知电阻，虽然简单易行，但由于电流表和电压表所引起的系统误差是偶然误差，难以消除，无法精确地测量未知电阻的阻值。

〖新课学习设问〗

①要精确地测量未知电阻的阻值，常用惠斯通电桥法。什么是惠斯通电桥法？

②图7-1是惠斯通电桥法测量未知电阻的电路原理图，其中R_1为电阻箱，R_3、R_4为

已知电阻值的定值电阻，R_x为待测电阻，如果实验时，电路中满足$R_1/R_x=R_3/R_4$，则a、b两点的电势是否相等？通过电流表A的电流是否为0？如何间接地求出R_x的阻值？

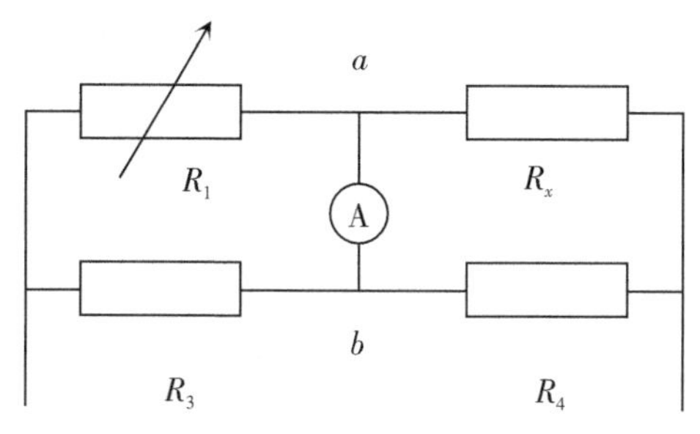

图7-1　电路原理图

〖回顾反思设问〗

如果把原理图中电流表换成电压表，则电压表的示数为多少时，利用$R_1/R_x=R_3/R_4$这一关系，我们照样可以测出未知电阻R_x？

（5）关于“用多用电表的欧姆挡测电阻”的设问

〖教学引入设问〗

电流强度的大小可以用电流表直接来测量，电压的大小可以用电压表直接来测量，那么，未知电阻的阻值可以用什么表来直接测量？

〖新课学习设问〗

①用多用电表的欧姆挡测量电阻，虽然简单易行，但由于什么原因，测量电阻的实验误差会很大，一般只用来粗略测量电阻？

②如何利用多用电表的欧姆挡测量未知电阻的阻值？说出具体的测量步骤。

〖回顾反思设问〗

通过学习，我们已经知道常用测量未知电阻阻值的方法有伏安法、替代法、欧姆表直接测量法、惠斯通电桥法和半偏法五种方法。在什么条件下选择哪种测量方法？五种方法的优点和缺点是什么？

4.游标卡尺和螺旋测微器

（1）关于“游标卡尺”的设问

〖教学引入设问〗

①一把刻度尺的最小刻度是分米，则其测量的精确度为多少？若另一把刻度尺的最小刻度是毫米，则其测量的精确度为多少？

②生活中，常用刻度尺来测量长度，但只能精确到毫米。在高科技的生产中，要求测量精度更高，那么有这样的测量工具吗？

〖新课学习设问〗

①游标卡尺的主要构造有主尺、游标尺，以及分别固定在主尺和游标尺上的测量爪，它的用途有哪些？游标尺上还有一个深度尺，它的用途是什么？游标尺上还有一个紧固螺钉，其作用是什么？

②游标卡尺的基本用途。游标卡尺除了可以测量物体的厚度、物体的长度，还可以用哪对测量爪测量管状物的外径？哪对测量爪测量管状物的内径？可以用什么测量管状物的深度？

③游标卡尺的测量原理。游标卡尺利用主尺的最小分度与游标尺的最小分度的差值制成。不管游标尺上有多少个小等份刻度，它的刻度部分的长度总比主尺上的同样多的小等份刻度所占的长度少多少毫米？例如，若游标尺上是10等份的，则其总长度是多少毫米？主尺的一小格比游标尺的一小格长多少毫米？这种游标卡尺的精确度是多少？同理，若游标尺上是20等份的，则其总长度是多少毫米？主尺的一小格比游标尺的一小格长多少毫米？这种游标卡尺的精确度又是多少？

④游标卡尺的读数原则。游标卡尺读数时分为两部分，其一为游标尺的零刻度线左侧对应的主尺上面的数值，是毫米的整数倍吗？其二为与主尺对齐的游标尺的第N条刻度线，N乘以此游标卡尺的精确度。两者读数之和还是读数之积就是最终的读数结果？要注意读数结果的精确度，读数结果末尾假设有零，则可不可以省去？游标卡尺需要估读吗？测量结果保留的位数一定要跟精确度完全一致吗？

〖回顾反思设问〗

若用x表示由主尺上读出的整毫米数，k表示从游标尺上读出与主尺上某一刻线对齐的游标的格数，则记录结果的表达式如何书写？

（2）关于“螺旋测微器”的设问

〖教学引入设问〗

除了游标卡尺可以较精确地测量物体的长度外，你还知道有哪些仪器可以更精确地测量长度？

〖新课学习设问〗

①螺旋测微器的主要构造。测砧、固定刻度、尺架、可动刻度、测微螺杆等，其中固定刻度和可动刻度通过精密螺纹套在一起（相当于螺母套在螺杆上）。粗调旋钮、微调旋钮分别有何作用？

②螺旋测微器的主要用途。一般用来测量细金属丝的直径外，还可以测量细管的外径还是内径？

③螺旋测微器的测量原理。测微螺杆与固定刻度之间的精密螺纹的螺距为多少？粗

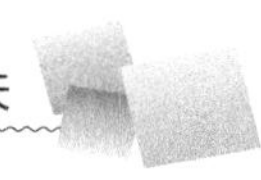

调旋钮每旋转一周，螺杆前进或后退多少距离？可动刻度上的刻度为50等份，即可动刻度每转动一小格，螺杆前进或后退多少毫米的距离？这说明螺旋测微器的精确度为多少毫米？读数时误差出现在毫米的几分位上？为何螺旋测微器又叫作千分尺？

④螺旋测微器的读数原则。螺旋测微器读数时，先读出固定刻度上面露出的0.5 mm的整数倍，再读出可动刻度上面与固定刻度对齐的刻度线数乘以精确度0.01 mm，然后固定刻度和可动刻度两者之和为最终的测量结果。在可动刻度读数时，要估读到下一位吗？

〖回顾反思设问〗

①螺旋测微器的固定刻度尺上有两组刻度线，如何判断哪组是整毫米刻度线，哪组是半毫米刻度线？

②螺旋测微器的测量精确度与多少分度的游标卡尺的精确度相当？

③螺旋测微器是比较精密的测量工具，使用时一定要轻拿轻放，不得碰撞，更不能跌落地下。使用时不要用来测量表面比较粗糙的物体，为什么？不用时应该放置于干燥的地方，为什么？

④在使用螺旋测微器测量时，首先应调节粗调旋钮，然后再调节微调旋钮，不能用力过猛，为什么？测微螺杆、测砧与待测物体的接触不宜过紧，为什么？

5.测定金属丝的电阻率

（1）关于“实验目标”的设问

〖教学引入设问〗

不同的实验，其实验的目的是不同的，那么“测定金属丝的电阻率”的实验目的有哪些？

〖新课学习设问〗

①有没有可以直接测量金属电阻率的仪器？若没有，则如何采用间接的方法去测量？请说出你的思路。

②你还记得螺旋测微器、游标卡尺的使用方法和读数方法吗？

〖回顾反思设问〗

什么是实验的系统误差？它能避免吗？什么是实验的偶然误差？它能避免吗？

（2）关于“实验原理”的设问

〖教学引入设问〗

你能说出测量金属丝电阻率的实验原理吗？

〖新课学习设问〗

①要间接测量出金属丝的电阻率，则需要先测出哪些物理量？如何去测？

②实验室常用什么方法测量金属丝的电阻？

③用刻度尺测出金属丝的有效长度，其数值一般可以准确到厘米还是毫米？为何要用螺旋测微器测出金属丝的直径？假如金属丝直径的测量误差增大了10倍，而求出的金属丝横截面积的误差就会增大多少倍？则最后求出的金属丝的电阻率误差会增大多少倍？

〖回顾反思设问〗

请分析这个实验的主要误差是由直径的测量引起的吗？

（3）关于“实验仪器与测量原理电路图”的设问

〖教学引入设问〗

你能说出在测量金属丝电阻率的实验中，用到的主要实验仪器有哪些吗？

〖新课学习设问〗

①本实验中，除了螺旋测微器、米尺（最小刻度应该为毫米）、电源、电流表、电压表、开关和导线若干外，为何必须要有一个滑动变阻器？

②常见的实验原理图如图7-2所示，请思考：滑动变阻器为何采用限流式接法？电流表为何采用外接法？

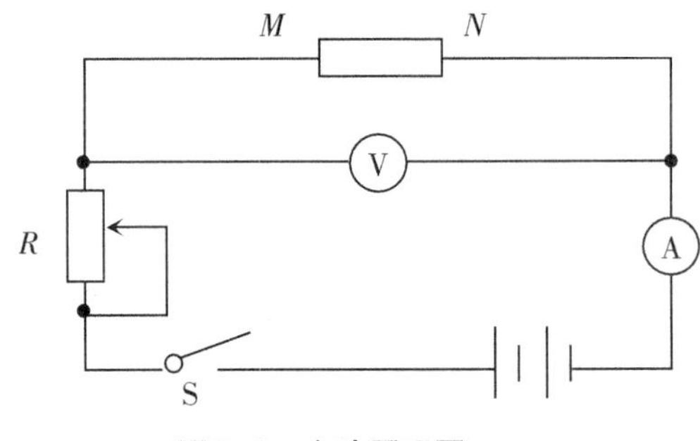

图7-2 实验原理图

〖回顾反思设问〗

本实验中，电流表一般选择量程为0.6 A还是3 A的？为什么？电压表一般选择量程为3 V还是15 V的？为什么？

（4）关于“实验步骤”的设问

〖教学引入设问〗

所有的实验，都有规范和正确的操作步骤，你能说出测量金属丝电阻率的基本实验步骤吗？

〖新课学习设问〗

①为何先用螺旋测微器测出金属丝的直径？实际测量时要取金属丝的几个不同位置进行多次测量，目的是什么？

②按照实验的原理电路图，用导线把相应的器材连接好，并先要把滑动变阻器的有效电阻值调至最大，为什么？

③用米尺测出金属丝的长度时，应该先把金属丝接入电路，然后再测量其长度，为什么？要多测几次求其有效长度的平均值，为什么？

④实验电路经检查没有错误后，再闭合开关S，然后改变滑动变阻器滑片的位置，为何要读出多组相应的电流表和电压表的示数I和U的值？断开开关S，利于哪个公式求出金属丝电阻R的数值？

⑤根据哪个定律可以计算出金属导线的电阻率？

〖回顾反思设问〗

①测量金属丝的电阻R时，一般采用电流表外接法，原因是金属丝的电阻一般比较小还是比较大？

②此实验一般采用滑动变阻器限流式的连接方式，原因是实验室中滑动变阻器的阻值一般大于还是小于金属丝的电阻？

③本实验中，要控制滑动变阻器接入电路中的阻值，使得通过金属丝的电流不能过大，为什么？电流表和电压表读数时要快，读完后要立即断开开关，为什么？

④为了准确测量金属丝的有效长度，应该在金属丝连入电路之后且拉直的情况下进行测量，这样做的目的是什么？

⑤电键S闭合前，滑动变阻器接入电路的阻值要调至最大，这样做的目的是什么？

6.描绘小灯泡的伏安特性曲线

（1）关于“实验目标”的设问

〖教学引入设问〗

不同的实验，其实验的目标是不同的，那么“描绘小灯泡的伏安特性曲线”的实验目标有哪些？

〖新课学习设问〗

①你还记得采用伏安法测未知电阻时，电流表内接法或外接法的选择原则是什么吗？

②滑动变阻器在电路中有两种连接方法，即串联限流式和分压式，那么，你知道什么情况下滑动变阻器选择限流式，什么情况下滑动变阻器选择分压式？

③你知道什么是导体的伏安特性曲线吗？如何描绘小灯泡的伏安特性曲线？

〖回顾反思设问〗

你知道在这个实验中，系统误差来自哪里？它能避免吗？偶然误差来自哪里？它能避免吗？它能减小吗？

(2) 关于"实验原理"的设问

〖教学引入设问〗

要描绘小灯泡的伏安特性曲线，应该测量出哪些物理量?

〖新课学习设问〗

①用电流表测出流过小灯泡的电流I，用电压表测出小灯泡两端的电压U，并要测出多组电压值和电流值，为什么?

②在I–U直角坐标系中描出各个对应的坐标点(U，I)，然后用一条平滑的曲线还是折线将这些坐标点连接起来，这就是所描绘的小灯泡的伏安特性曲线?

〖回顾反思设问〗

要描绘出小灯泡完整的伏安特性曲线，则加在小灯泡两端的电压要从0慢慢调节。为什么?

(3) 关于"实验器材及步骤"的设问

〖教学引入设问〗

①你能说出"描绘小灯泡伏安特性曲线"的实验中，用到的主要实验仪器吗?

②你能说出"描绘小灯泡伏安特性曲线"的主要实验操作步骤吗?

〖新课学习设问〗

①本实验中，除了滑动变阻器、电压表、电流表、开关、导线若干、铅笔、坐标纸等实验仪器和实验材料外，一般所用小灯泡的规格为"4 V　0.7 A"或"3.8 V　0.3 A"，所选学生电源的电压一般在4～6 V的直流电，为什么?

②本实验中，滑动变阻器必须选择限流式还是分压式的接法，为什么?所选滑动变阻器的最大阻值一般较小还是较大?为什么?

③本实验中，如何根据小灯泡的额定电压值和额定电流来确定电流表和电压表的量程?

④按照设计好的电路图去连接实物图。在连接电路时，开关应该是断开的，为什么?滑动变阻器的滑片应该调到哪个位置，为什么?

⑤闭合开关S，调节滑动变阻器的滑片，使电流表和电压表有明显的示数，记录一组电压值U和电流值I，然后用同样的方法测量，并要多测几组数值，为什么?

〖回顾反思设问〗

测量结束后，要立即断开开关，为什么?

(4) 关于"实验的数据处理"的设问

〖教学引入设问〗

①对于实验数据的处理一般有两种方法，即数学计算法和图像法。但最常用的是图

像法，为什么？

②用图像法处理实验数据的好处是除显示的实验结果形象、直观外，还有的好处是测量的数据越多越好，为什么？

〖新课学习设问〗

①在坐标纸上，一般以电压U为横坐标、电流I为纵坐标建立直角坐标系，为什么？

②在坐标纸中描出各组电压值U和电流值I所对应的坐标点。坐标系的纵轴和横轴的标度、单位选择要适中，以使所描的图线充分占满整个坐标纸为宜，为什么？

③将描出的点用一条平滑的曲线还是折线依次连接起来，就得到这个小灯泡的伏安特性曲线？

〖回顾反思设问〗

本实验中，若滑动变阻器采用限流式，则描绘出的小灯泡的伏安特性曲线是怎样的？

（5）关于“实验结果与分析”的设问

〖教学引入设问〗

在没有得出实验数据之前，你认为小灯泡的伏安特性曲线是一条直线吗？

〖新课学习设问〗

①描绘出的小灯泡的伏安特性曲线不是一条直线，而是逐渐向哪条坐标轴弯曲的一条曲线？

②由小灯泡的伏安特性曲线可知，小灯泡的电阻如何随温度的变化而变化？伏安特性曲线逐渐向横轴弯曲，表明图线的斜率如何变化？灯泡的电阻如何变化？说明小灯泡的电阻会随温度的升高而增大还是减小？

〖回顾反思设问〗

①小灯泡的伏安特性曲线I–U是一条曲线，这条曲线一定过坐标原点，为什么？本实验要测出多组包括零在内的电压值和电流值，滑动变阻器应该采用哪种连接方法？为什么？

②由于所选小灯泡的电阻一般比较小，故电流表一般采用哪种接法，为什么？

③在画I–U图线时，纵轴和横轴的标度、单位要选择适中，若过大会出现哪种现象？若过小又会出现哪种现象？应该用平滑的曲线连接各坐标点，千万不要连成折线，对个别明显偏离较远的点应该舍去，为什么？

④小灯泡的I–U图线在$U = 1.0$ V时将发生明显的弯曲，所以要求灯泡两端的电压在1.0 V左右时，测量数据要多，描点要密，为什么？

⑤电流表一般应该选择“0.6 A”量程的，电压表的量程选择要视小灯泡的额定电压而确定，即若使用的是规格为“3.8 V　0.3 A”的小灯泡，则电压表应该选择“3 V”量

程还是“15 V”量程？若使用的是规格为“2.5 V，0.6 A”的小灯泡，则电压表应该选择“3 V”量程还是“15 V”量程？

⑥当加在小灯泡的电压接近其额定电压值时，要缓慢增加电压，到额定电压值时，记录此时的额定电流后，应马上断开开关，为什么？

7.测量电源的电动势和内阻

（1）关于“实验目标”的设问

〖教学引入设问〗

每个实验都有其实验目标，那么“测量电源的电动势和内阻”的实验目标是什么？

〖新课学习设问〗

①你能说出“测量电源电动势E和内阻r”的实验原理、实验电路、实验方法和实验过程吗？

②如何用图像法和计算法处理所测得的实验数据，从而求出电源的电动势E和内阻r？

〖回顾反思设问〗

你知道“测量电源电动势E和内阻r”的常用方法有哪些吗？

（2）关于“实验的器材”的设问

〖教学引入设问〗

①若用“伏安法”测量电源的电动势E和内阻r，需要哪些实验仪器？

②若用“安阻法”测量电源的电动势E和内阻r，需要哪些实验仪器？

③若用“伏阻法”测量电源的电动势E和内阻r，需要哪些实验仪器？

〖新课学习设问〗

①若用“伏安法”测量一节干电池的电动势E和内阻r，则电压表应该选择量程为“3 V”的还是量程为“15 V”的？为什么？电流表应该选择量程为“0.6 A”的还是量程为“3 A”的？为什么？

②若用“伏阻法”或“安阻法”测量电源的电动势和内阻，则应该选用滑动变阻器还是电阻箱？为什么？

〖回顾反思设问〗

除了用“伏安法”“伏阻法”或“安阻法”外，你还可以采用哪些实验仪器来测量电源的电动势和内阻？

（3）关于“实验原理”的设问

〖教学引入设问〗

不管采用哪些实验仪器，本实验的实验原理都是闭合电路欧姆定律，对吗？

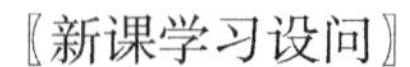

〖新课学习设问〗

①若用一个电流表、一个电压表测量一节干电池的电动势E和内阻r，请写出实验原理的关系式？

②若用一个电流表、一个电阻箱测量一节干电池的电动势E和内阻r，请写出实验原理的关系式？

③若用一个电压表、一个电阻箱测量一节干电池的电动势E和内阻r，请写出实验原理的关系式？

〖回顾反思设问〗

不管用哪种方法测电源的电动势和内阻，其测量原理的依据都是闭合电路欧姆定律，对吗？

（4）关于“实验步骤”的设问

〖教学引入设问〗

你能分别说出“伏安法”“欧伏法”和“欧安法”测量电源电动势和内阻的基本步骤吗？

〖新课学习设问〗

①若用“伏安法”测量电源电动势和内阻时，先利用设计好的电路图连接实物，再将滑动变阻器的滑动触头调到哪个位置？

②闭合开关S，读出此时电压表、电流表的示数分别为U_1、I_1。要多次移动滑动变阻器的滑动触头，对应地读出多组电压表、电流表的示数U、I，这样做的目的是什么？

③测量完毕后，要立即断开开关S，为什么？

④在坐标纸上以电流I为横轴，电压U为纵轴，描出所记录的各组电流I和电压U值所对应的点。纵轴刻度的选取一般不是从零开始，这是为什么？

⑤根据所描出的各点，作电源的U-I图线，延长此图线，由图线与纵坐标轴的交点可以求出电池的电动势E，由图线的斜率的绝对值可以求出电源的内电阻r，这样处理的物理依据是什么？

〖回顾反思设问〗

干电池应该选用较旧的干电池，因为较旧的电池的内阻较大，导致电源的路端电压变化就会更明显，画出电源的伏安特性曲线的斜率就会较大，这是为什么？

（5）关于“实验数据的处理”的设问

〖教学引入设问〗

物理实验中，对实验数据的处理一般有两种方法：一是公式计算法，二是图像法。本实验一般采用哪种方法，为什么？

〖新课学习设问〗

为了减小测量的实验误差，本实验常选用以下两种实验数据的处理方法：

①公式计算法处理实验数据。利用依次记录的多组电压和电流的数据（一般至少为6组），依据闭合电路欧姆定律的关系式 $U_{外}=E-Ir$，分别将第1组和第4组、第2组和第5组、第3组和第6组的实验数据带入，联立方程组解出 E_1 和 r_1、E_2 和 r_2、E_3 和 r_3，最后再求出它们的平均值作为电源的电动势 E 和内阻 r 的测量结果，为何要这样组合？

②图像法处理实验数据。把测出的多组电压 U、电流 I 的数值在坐标 U–I 中描点并画出图像，为什么要使所作 U–I 图像的直线经过大多数坐标点，或使各坐标点大致均匀地分布在直线的两侧？

③为何图线的纵轴截距等于电源的电动势 E？横轴截距表示的物理意义是什么？直线斜率的绝对值表示的物理意义是什么？

〖回顾反思设问〗

若电源的内阻 $r=0$（理想电源），则 $U_{外}=E$，为什么？

（6）关于“实验误差的分析”的设问

〖教学引入设问〗

你知道用“伏安法”测电源的电动势和内阻，其系统误差主要来自哪里？

〖新课学习设问〗

①电流表采用外接法。测量原理的电路图如图7–3所示，电压表的示数 U 是准确反映电源的路端电压的，电流表测的是通过滑动变阻器的电流 I_A，设通过电压表的电流为 I_V、电源的电动势为 E，在理论上由闭合电路欧姆定律可知：$E=U+(I_V+I_A)r$，而实际上，实验的测量原理为 $E=U+I_Ar$，忽略了通过电压表的电流 I_V 而造成了实验的系统误差。由于电压表的分流作用，电流表的读数略小于干路中的总电流，从而使电源电动势 E 和内阻 r 的测量值比真实值偏大还是偏小？为什么？

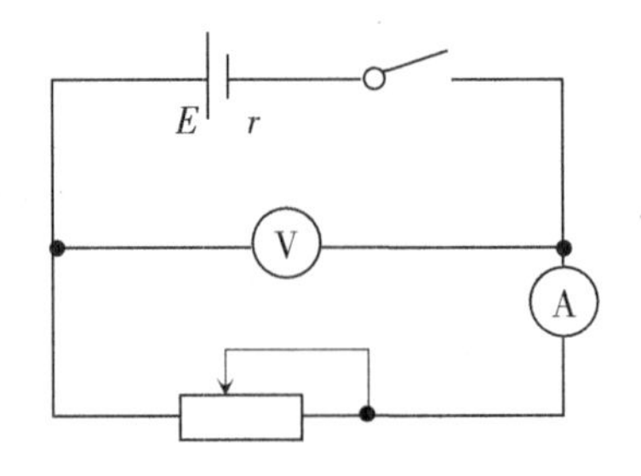

图7–3　外接法测量原理的电路图

②电流表采用内接法。测量原理的电路图如图7-4所示，电流表的示数I_A是通过电源的真实电流值，电压表的读数U不是电源两端的路端电压，设电流表两端的电压为U_A，电源电动势为E，由闭合电路欧姆定律可知，在理论上有$E=U+U_A+I_Ar$，而实际上，实验原理为$E= U+I_Ar$，由于电流表的分压作用，则电压表的读数略小于电源两端的输出电压，从而使电源的电动势E和内阻r的测量值比它们的真实值偏大还是偏小？为什么？

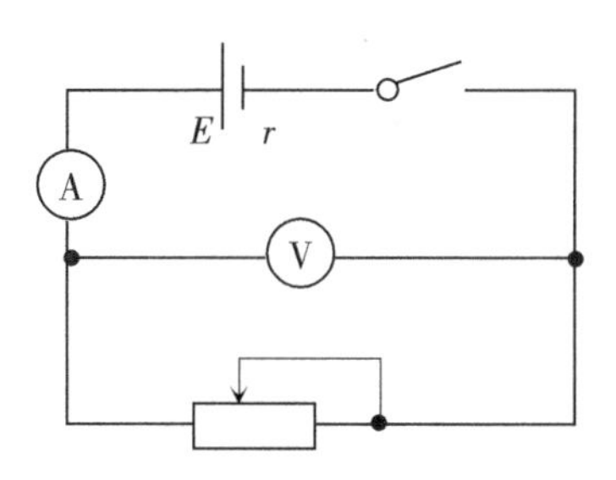

图7-4　内接法测量原理的电路图

〖回顾反思设问〗

①为了使干电池的路端电压变化比较明显，所画的U-I图线的斜率更大，干电池的内电阻应适当大一些，所以一般选择旧电池还是新电池来做本实验？

②干电池在强电流通过时，其电动势E会明显下降，而内电阻r会明显增大。故干电池长时间通电时，其电流不宜超过0.3 A，短时间通电时，其电流不宜超过0.5 A。因此，在做本实验时，要控制滑动变阻器的阻值，不要将电路中的电流I调得过大，且在电流表和电压表读数时要迅速，每次读完示数后，应立即怎么办？

③电压表和电流表应该选择合适的量程，使测量时两个表的指针偏转角度大一些，并且要测出至少不少于6组的（U，I）数据，同时两个表的示数变化范围要尽量大一些还是小一些？为什么？

④本实验中，若电流表采用外接法，则电压表应该选取量程比较大的，原因是其内阻比较大还是比较小？其分流作用较小还是较大？若电流表采用内接法，电流表要选取量程比较小的，原因是其内阻也比较小还是比较大？其分压作用较小还是较大？

8.多用电表的使用方法

（1）关于“实验目标”的设问

〖教学引入设问〗

你知道生活中所说的“万用表”实际就是今天我们要学习的“多用电表”吗？

〖新课学习设问〗

①你了解多用电表的基本结构及其测量的基本原理吗？

②你会用多用电表来测量电学元件上两端的电压、通过的电流和电阻等电学物理量吗？

③你会用多用电表的欧姆挡来判断二极管的质量和极性吗？

④你会用多用电表查找电路中的简单故障吗？

〖回顾反思设问〗

多用电表实际就是将电压表、电流表和欧姆表等巧妙地变成“多合一”吗？

（2）关于“多用电表的构造”的设问

〖教学引入设问〗

你能说出多用电表主要有哪些部件吗？它们各自的功能有哪些？

〖新课学习设问〗

①指针式多用电表是由表头，测量电路，转换开关以及红、黑测量表笔等组成。那么，转换开关以及红、黑表笔的作用是什么？

②多用电表的表盘上有用来显示电流、电压、电阻示数的表头，有定位螺丝，有调零旋钮等。其中定位螺丝、调零旋钮的作用是什么？

③多用电表的内部结构是由一个小量程的电流表与若干个其他元件组成的，每进行一项物理量的测量时，只使用到其中一部分的电路，其他部分的电路不起作用。若将多用电表的选择开关旋转到哪个位置，多用电表中的电流表电路就被接通，此时就相当于电流表？若将多用表的选择开关旋转到哪个位置，多用电表中的电压表电路就被接通，此时就相当于电压表？若将选择开关旋转到哪个位置，多用电表中的欧姆表电路就被接通，此时就相当于欧姆表？

④多用电表用来测量未知电阻时，其测电阻的原理是闭合电路欧姆定律。欧姆表内部的基本电路结构有电源，电流表，可调电阻和红、黑表笔等。其中，红表笔应该连接电源的正极还是负极？当红、黑表笔短接（相当于被测电阻为0），调节欧姆表调零旋钮，使多用电表的指针偏到电流的“0刻度”还是满偏刻度？当红、黑表笔之间接有未知电阻R_x时，每一个未知电阻都对应一个电流值I_x，我们在刻度盘上直接标出与I_x对应的R_x的电阻值，则所测电阻R_x的阻值就可以从表盘上直接读出。请问I_x与R_x是线性关系吗？欧姆表对应的电阻刻度是均匀的吗？电阻的“0刻度”在电流的满偏处还是“0刻度”处？若被测电阻的阻值和欧姆表内阻相等时，此时表头的指针刚好指在哪个位置？

〖回顾反思设问〗

有人说欧姆表本质也是一只电流表，你同意这种说法吗？

（3）关于“欧姆表测量电阻的基本步骤”的设问

〖教学引入设问〗

如何用电流表测量电路中的电流？如何用电压表测量电路中的电压？

〖新课学习设问〗

你能正确使用多用电表测量未知电阻的阻值吗？

①用螺丝刀旋动定位螺丝，使表头的指针对准电流刻度线的哪个位置？为什么？

②将选择开关旋转到电阻的合适“倍率”挡，所选的“倍率”在测量时，应使指针尽量指在刻度盘哪个位置附近？这样做的目的是什么？

③将分别插入“+”“−”插孔的红、黑表笔短接，旋动哪个旋钮，使指针对准电阻的“0刻线”（在表盘的右侧）？

④将两表笔分别与待测电阻相接，此时被测电阻要和其他元件断开，然后进行读数。如何确定被测电阻的阻值？

⑤测电阻时，若发现指针的偏转角度过小，为了得到比较准确的测量结果，应将选择开关旋调到更大还是更小的“倍率”处？反之，若发现指针的偏转角度过大，为了得到比较准确的测量结果，应将选择开关旋调到更大还是更小的“倍率”处？改变“倍率”后，都一定要重新进行欧姆调零吗？

⑥测量结束后，拔出红、黑表笔，并将选择开关置于“OFF”或交流电压的最高挡，为什么？

〖回顾反思设问〗

①欧姆表在机械调零和欧姆调零后，可以将电流表、电源和滑动变阻器视为一个整体，其中哪一部分的阻值可以看成欧姆表的总内阻？

②如何理解欧姆表的中值电阻乘以倍率，就是欧姆表的总内阻？

③你能根据闭合电路欧姆定律熟练地写出表头中的电流与外接电阻之间的数量关系吗？

④在测电阻时，尽管欧姆表的刻度是从“0”到“无穷大”，但如果测量时，指针的偏转角度过大或偏转角度过小，测量误差都会比较大，为什么？如果不知道待测电阻的阻值，可以先用高“倍率”还是低“倍率”的挡位进行测试，然后根据指针的偏转情况，再选择合适“倍率”的欧姆挡进行测量？

⑤每次测量不同的未知电阻时，若不换欧姆挡的“倍率”，则还需要重新进行欧姆调零吗？

9.用多用电表探索黑箱内的电学元件

（1）关于“实验目标”的设问

〖教学引入设问〗

多用电表除了可以测电流、电压及电阻以外，还可以有哪些用途？

〖新课学习设问〗

①你会用多用电表探索黑箱内有哪些常见的电学元件吗？

②你了解什么是晶体二极管的单向导电性吗？它在电路图中的符号如何表示？

③你知道可以使用多用电表来探索电路中的简单故障吗？

〖回顾反思设问〗

你能说出多用电表有哪些特殊的用途吗？

（2）关于“二极管”的设问

〖教学引入设问〗

从初中到高中，你知道的电学元件有哪些？你听说过二极管、三极管等元件吗？

〖新课学习设问〗

①二极管种类有很多，若按照所用的半导体材料来分，可分为锗二极管和什么二极管？若根据二极管不同的用途来分，则可以分为检波二极管、整流二极管、稳压二极管、开关二极管、隔离二极管、发光二极管等。若按照管芯的结构来分，则可以分为点接触型二极管、面接触型二极管及平面型二极管。这些知识你知道吗？

②什么是二极管的单向导电性？若电流从二极管的正极还是负极流入时，其电阻较小（所谓理想二极管，可认为此时短路，即相当于一根导线）？反之，若电流从二极管正极还是负极流入时，其电阻较大（所谓理想二极管，可认为此时断路，相当于此时电阻无穷大）。

〖回顾反思设问〗

①用多用电表的欧姆挡测电阻时，在电表外部，电流是从黑表笔流向红表笔，还是从红表笔流向黑表笔？

②如何判断二极管的正、负极？把二极管连入欧姆表的两表笔之间，若所测电阻较小，则与黑表笔连接的那个极就是二极管的正极还是负极？反之，若所测电阻较大，则与黑表笔连接的那个极是二极管的正极还是负极？提出你的判断依据。

（3）关于“实验原理”的设问

〖教学引入设问〗

如何利用多用电表来探测黑箱中可能有哪些性质的电学元件？

〖新课学习设问〗

如何利用多用电表的不同功能和不同电学元件的电阻特点，进行“黑箱问题”的测量和判断？

①用欧姆表测得两个接线柱之间的电阻为多少时，则说明这两个接线柱之间是由无电阻的导线短接的？用欧姆表的红、黑表笔分别接触a、b两个接线柱，再分别接触b、a两个接线柱，若两次所测电阻值有何关系，则说明两个接线柱之间是一个定值电阻？若两次所测电阻值有何关系，则说明两个接线柱之间可能是一个二极管？

②用多用电表的电压挡测得两个接线柱之间的电压为零，则有下列各种可能性：若任意两个接线柱之间电压均为零，则说明黑盒内没有电源，为什么？若有的接线柱之间的电压为零，可能出现的情况有：两个接线柱中至少有一个是与电源断开的，两个接线柱之间有电动势代数和为零的反串电池组，两个接线柱之间是短路的，为什么？

③若用欧姆表的红、黑表笔与两个接线柱接触时，指针先发生较大偏转，然后又回到0刻度，则表明两个接线柱之间有电容器，为什么？

〖回顾反思设问〗

在分析和解答黑箱问题时，其外观表现可能往往是完全相同的，但是答案可能是多种多样的，而且在无条件限制的情况下，其结果还可能有无数个解，为什么？请举例说明。

三、课堂设问实录

1.课题：电容器的电容（第一课时）

〖引入问题〗

衣柜可以存放衣服，钱包可以装钱，水桶可以装水……那么有没有可以储存电荷的电学元件呢？

〖新课学习〗

请阅读《物理选修3-1》（人教版）第29页，回答以下问题：

①平行板电容器的主要构造有哪些？两个靠得很近且彼此绝缘的导体，是否也可以看作电容器？你在生活中见过电容器这种元件吗？

②如何对电容器进行充电？充电结束后，电容器的哪个极板带正电荷，哪个极板带负电荷？电容器两极板所带电荷量相等吗？充电后，切断电容器与电源的联系，两个极

板上的电荷为何会保存下来？两极板间为何会有匀强电场存在？电容器充电过程中，从电源获得哪种形式的能量储存在电容器中？

③用导线把充电后的电容器的两极板连通，两极板上的电荷会如何流动？这个过程叫作电容器的放电过程。从灵敏电流计可以观察到短暂的放电电流。放电后两极板间的电场如何变化？在这个过程中，是电容器的何种能量转化为其他形式的能量？

④充电后电容器的两极板间有电势差，这个电势差的大小与哪些物理量有关系？有关实验表明，一个电容器所带的电荷量Q与两极板间的电势差U成正比吗？Q/U的比值是个定值吗？对于不同的电容器，这个比值一般是不同的吗？可见，这个比值表征了电容器的哪种特性？

⑤为何将电容器所带的电荷量Q与电容器两极板间电势差U的比值，定义为电容器的电容？电容器的电容在数值上等于使两极板间的电势差为1 V时需要带的电荷量，所需的电荷量越多，表示电容器的电容越大。可见，电容这个物理量的含义是什么？

⑥如何设计一个实验，来探究影响平行板电容器电容的因素有哪些？

通过“研究影响平行板电容器电容的因素”的实验，回答以下问题：

①保持电容器两极板上的电荷量Q不变，两极板间的距离d也保持不变，改变两极板的正对面积S。通过实验发现，两极板正对面积S变小，静电计指针的张角如何变化？说明两极板间的电势差如何变化？

②保持电容器两极板上的电荷量Q不变，两极板的正对面积S不变，改变两极板之间的距离d。通过实验发现，两极板之间的距离d变大，静电计指针的张角如何变化？说明两极板间的电势差如何变化？

③保持电容器两极板上的电荷量Q、两极板的正对面积S、两极板之间的距离d都不变，在两极板间插入电介质，例如有机玻璃板等。通过实验发现，两极板之间插入电介质的过程中，静电计指针的张角如何变化？说明两极板间的电势差如何变化？

④通过以上实验现象可以得出：平行板电容器的电容与两极板的正对面积S有关，且正对面积S越大，其电容越大还是越小？平行板电容器的电容与两极板之间的距离d有关，且距离d越大，其电容越大还是越小？平行板电容器的电容还与两极板之间是否有电介质有关，插入电介质时，其电容一般会增大还是减小？

⑤理论分析表明，当平行板电容器的两极板间是真空时，电容C与两极板的正对面积S、两极板距离d的关系式是什么？请说明此关系式为平行板电容器电容的决定式还是定义式？为什么？

请阅读《物理选修3-1》（人教版）第31页相关材料，回答以下问题：

①常用的电容器从构造上看，可以分为固定电容器和可变电容器两类。固定电容器

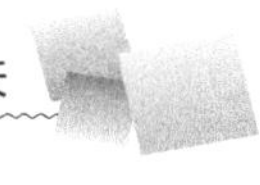

的电容是固定不变的，常用的有哪两种电容器？其中聚苯乙烯电容器是以聚苯乙烯薄膜为电解质，把两层铝箔隔开，卷起来构成。改变铝箔和薄膜的哪些物理量，就可以制成不同电容的聚苯乙烯电容器？可变电容器是由两组铝片组成，它的电容是可以改变的。固定的一组叫作定片，可以转动的一组叫作动片。转动动片，通过改变哪个物理量来改变电容器的电容？为什么？

②什么是电容器的击穿电压？什么是电容器的额定电压和工作电压？两者有什么关系？有一个电容器，上面标有“1.2 F　5 V”字样，其物理意义是什么？

〖小结〗

①电容器电容的表达式有哪些？哪些是定义式，哪些是决定式？

②如何利用电流传感器和计算机来观察电容器的充电过程或放电过程中电流的变化规律及特点？请你设计此实验。

2.课题：电场强度（第一课时）

〖引入问题〗

①万有引力曾被认为是一种既不需要媒介，也不需要经历时间，而是超越空间与时间直接发生的作用力，并被称为超距作用，同样库仑的平方反比定律似乎表明，静电力和万有引力一样，也是一种超距作用力。用你所学的知识，解释古人的这种认识为何是错误的？

②19世纪30年代，哪位科学家最早提出一种观点，认为在电荷周围存在着由它产生的电场，处在电场中的其他电荷受到的作用力就是这个电场给予的？

③近代物理学的理论和实验证实并发展了法拉第的观点。电场和磁场已被证明是一种客观存在并且是相互联系的，它们统称为电磁场。变化的电磁场以多大的速度在空间传播？场和分子、原子组成的实物一样有能量和动量，那么，为何说场和实物是物质存在的两种不同的形式？实际上只有如何运动的电荷，上述电磁场的实在性才凸显出来？在此只讨论静电场，什么是静电场？

〖新课学习〗

①电场最明显的特征之一是对放入的其他电荷具有作用力。因此，研究电场的性质应该从哪里入手？

②如何验证你所处的空间是否有磁场？同样，如何验证你所处的空间是否有电场？

③什么是场源电荷？什么是试探电荷（或检验电荷）？对试探电荷的电量、体积大小有何要求？为什么？

④我们能否直接用试探电荷所受的静电力来表示电场的强弱呢？

⑤假设把一个很小的试探电荷q_1放在电场中的某个位置受到的电场力为F_1，另一个同样的试探电荷放在电场中的同一个位置受到的电场力也一定为F_1，假如两个这样的电荷都在这里，它们的总电荷量是$2q_1$，那么，它们受到的力为多少？以此类推，三个这样的电荷都放在这里，它们的总电荷量是$3q_1$，那么它们受到的力又是多少？可见试探电荷在电场中某点受到的电场力与试探电荷的电荷量的比值是一个定值吗？若是一个定值，则这个比值的大小有什么物理意义？

⑥电场强度是标量还是矢量？如果是矢量，其方向是如何规定的？负试探电荷在电场中某点所受力的方向与该点的电场强度的方向有何关系？

⑦电场强度是描述电场性质的物理量，在静电场中，它会随时间改变吗？在某一电荷产生的电场中，不同位置的电场强度一般相同吗？电场强度与产生它的场源电荷有什么关系？

⑧点电荷是最简单的场源电荷。设一个点电荷的电荷量为Q，它在与之相距r处所产生的电场强度的表达式是什么？这是一个定义式还是决定式？这个公式对一个均匀带电的球体或球壳在球的外部产生的电场强度适用吗？

⑨若场源是多个点电荷，电场中某点的电场强度是各个点电荷单独在该点产生的电场强度的代数和还是矢量和？为什么？

⑩一个较大的带电物体不能看作点电荷，那么，如何计算它在某点所产生的电场强度？

⑪电场线是如何形象地描述电场中各点场强大小和方向的？为什么？这种简洁的描述电场的方法是哪位科学家最早提出的？

⑫常见的孤立的正点电荷、负点电荷、等量同种点电荷、等量异种点电荷、匀强电场的电场线是如何分布的？它们有何特点呢？请画出相应的电场线。

⑬什么是匀强电场？怎样可以获得匀强电场？

〖小结〗

①电场线是实际存在的线吗？在没有电荷的地方，两条电场线为何不能相交？

②电场线和磁感线有何相同点？有何不同点？

③同一个试探电荷放在匀强电场的不同位置，其所受电场力的大小和方向都相同吗？为什么？

3.课题：电势能和电势（第一课时）

〖引入问题〗

我们已经建立了电场强度的概念，知道它是描述电场性质的物理量。假如把一个静

止的试探电荷放入电场中，它将在电场力的作用下做加速运动，经过一段时间后获得一定的速度，试探电荷的动能增加了。我们知道，功是能量转化的量度，那么，在这个过程中是什么能转化为试探电荷的动能呢？

〖新课学习〗

①试探电荷q在电场强度为E的匀强电场中沿不同的路径从A点移动到B点，静电力对试探电荷所做的功相同吗？若静电力对试探电荷所做的功两次都相同，则这个结论对非匀强电场适用吗？那么，我们可以得出电场力做功有何特点呢？

②我们在《物理必修1》（人教版）中学过，移动物体的过程中重力所做的功与路径无关，同一物体在地面附近的同一位置具有确定的重力势能，从而使重力势能的概念具有实际的意义。同样地，由于电荷运动时静电力做功与移动的路径无关，电荷在电场也具有势能，这种势能叫作什么势能？如果电荷沿不同路径移动时，静电力所做的功不一样，还能建立电势能的概念吗？为什么？

③物体在地面附近下降时，重力对物体做正功，物体的重力势能如何变化？物体上升时，重力对物体做负功，物体的重力势能又如何变化？与此相似，当电荷在电场中从A点移到B点时，若静电力做正功，则电荷的电势能如何变化？当电荷从B点移到A点时，若静电力做负功，则电荷的电势能又如何变化？由上面的分析可以得出结论，静电力做的功与电势能的变化量有什么关系？

④通过以上分析，可以看到静电力做功只决定了电势能的变化量，而不能决定电荷在电场中某点电势能的具体数值。那么，怎样才能确定电荷在电场中某点的电势能？若规定电荷在B点的电势能为零，则电荷在A点的电势能等于多少？也就是说，电荷在某点的电势能等于把它从这个点移到哪个位置时静电力所做的功？通常把离场源电荷多远处的电势能规定为0？

⑤重力和引力存在的空间称为重力场和引力场。物体在重力场和引力场中移动时，重力和引力做的功跟电荷在电场中移动时静电力做的功虽然相似，但还是有很大的差异，这是为什么？

⑥我们通过静电力的研究认识了电场强度，那么，我们通过电势能的学习和研究，来认识另一个物理量——电势，它同样是表征电场性质的重要物理量。什么是某点的电势？其表达式如何？这是电势的定义式还是决定式？电势是标量还是矢量？沿着电场线的方向，其电势如何变化？

⑦在地图中常用等高线来表示地势的高低。与此相似，在电场中常用等势线来表示电势的高低。那么，什么是等势线？等势线和电场线有什么关系？常见的电场中，其等势线是如何分布的？

〖小结〗

①孤立的点电荷其周围等势面的分布有何特点？匀强电场中，等势面的分布有何特点？

②要研究某个不规则带电体周围的电场分布时，为何科学家要先测绘出等势面的形状和分布，再根据电场线与等势面的关系，绘出电场线的分布，于是就知道了电场的情况？

③电势是由电场本身来决定的还是由电场和电荷共同决定的？同样，电势能是由电场本身来决定的还是由电场和电荷共同决定的？

高中物理教学中由设问转化为引问的方法探索

设问的原意是自问自答。在教学中，教师将其变为“师问生答”，设问通常来自教师。教师通过提问的方式给学生创造表达的机会，让学生复习、应用曾经学过的知识，加深学生对知识的理解。在教学中，设问给师生互动创设了平台，使教师能更多了解学生的想法，了解学生对知识的掌握程度，解决在学习中存在的困难等。因此，设问是教学过程中很重要的环节，我们要充分发挥它的重要作用。但是在高中物理的课堂教学中，若要使学生的主动性得到更充分的体现，课堂中的问题不能只是来自教师。在很多时候，将设问转化为引问，即引导学生自主找出问题，提出问题，寻找解决问题的方法，可以更全面、真实地反映出学生的学习状况，更有利于教师及时接受学生反馈出来的信息，调整和改进教学。这样能使“教”和“学”的过程进行得更为契合学情，“教”和“学”的效果更好。那么，在高中物理的教学中，怎样才能生成更多的引问呢？怎样才能通过引问让学生在课堂学习中有更多的主动性和热情呢？这是需要我们认真思考的问题。

一、教学中教师与学生交流方式的转变

“教”和“学”的互动过程中，师生之间的交流方式在很大程度上取决于教师。由于在教学中，教师是相对主动的一方，是具有一定“权威”的一方。因此，若要更多地出现引问，教师首先要注意改变与学生的交流方式。

1.教学过程中教师对学生肯定方式的改变

在教学中，来自学生的问题，体现了学生对所学内容的认真思考，对于教学过程有着非常重要的促进作用，也有利于实现教学中的设问转化为引问。如何加强学生的问题意识，使学生敢于发问，积极提问呢？教师要在教学中注意对学生的引导和启发，营造

民主、自主的课堂氛围；同时，要认识到教师对学生的肯定方式起到的重要作用，在课堂中更多使用“无条件积极关注”。心理学家罗杰斯提出的“无条件积极关注”，是一种没有价值条件的积极关注体验。对学生而言，“无条件积极关注”指的是即使自己的行为不够理想，也依然能觉得受到父母或他人真正的尊重、理解和关怀。教育心理学的理论告诉我们：“人有一种积极的自我肯定的需要，或者来自自我体验的肯定性对待的需要。”当人们经历了来自他人的肯定性对待，并对自身产生积极的态度时，积极的自我肯定就建立了。要产生这样的效应，其中一个关键的要素是“无条件积极关注”。相反，当人们体验到的是“条件性肯定”，或者肯定与否要视具体行为而定时，就会产生一定的紧张感。在我们的教学过程中，因为各种原因，往往有学生不敢发问的情况出现，这时教师的鼓励是非常重要的。教师在与学生交流的过程中，可能经常使用“好，但是……”“如果……就更好”等句式，这实际上是在对学生进行“条件性肯定”。久而久之，学生的自信心会受到影响。缺乏自信时，学生就不敢发问，慢慢地甚至会失去提出问题的勇气和能力。所以在课堂教学中，教师应更多地对学生采取“无条件积极关注”，以更为宽容的态度对待学生，对学生进行评价时多鼓励，多看到学生的优点，发自内心地欣赏学生。这样就能够在潜移默化中增强学生的信心，激发学生的学习热情，使学生敢于发问，乐于发问，善于发问，有利于课堂教学中由设问转化为引问。

2.教师授课方式的改变

“教师讲，学生听”的传统课堂教学方式，不利于设问向引问的转化。因为这样的课堂授课方式，学生缺乏表达自己的意愿、陈述自身学习中存在的问题的机会。因而，教师要积极地转变课堂教学观念，改进课堂教学方式，给学生更多表现个体差异的机会，鼓励学生用多种形式来表达自己，这样才能引导学生提出自己的问题，更多地将设问转化为引问。在高中物理课堂教学中，教师可以采用丰富多样的授课方式，增强学生在学习中的主动性，给学生更多发现问题和提出问题的机会。以问题推进课堂教学进程，完成学习环节，对于设问转化为引问能起到很好的促进作用。

在学习环节的预习部分，强调学生“找问题”，即在预习时，学生不是泛泛地看过学习内容即可，而是明确认知目标，结合自身的认知水平，找出存在的疑惑和困难，并以问题的形式将其一一罗列出来，准确地表述出来。这个过程对于学生新知识的学习非常重要，找出问题，才有解决问题的基础，学生才能做到真正意义上的自主学习。

课堂教学环节中，教师要给学生提出自己疑问的时间和机会。在充分了解学情的基础上，再进行解疑释疑的教学。这样的教学过程，针对性强，有的放矢，有利于学生更快更好地解决问题，更顺利地掌握相关的规律和方法。在学习的过程中，解决学生问题的方法，也不局限于单纯的教师讲解，而是针对不同难度的问题，采用不同的方法解决。例如，较易的问题，引导学生在预习的基础上，进行认真的思考和学习，能够做到自主解决。难易适度的问题，学生通过讨论、交流，互助解决。较难的问题，教师需在教学中通过问题的细化、梳理，逐步深入解答疑问。在课堂教学中充分地引问，以问题为中心，以问题引出问题，在问题解决中，完成课堂教学和学习，充分体现教师主导作用与学生主体作用的有机结合。

课后巩固练习环节，不是满足于学生完成作业，而是师生围绕课前问题，课堂中的问题，共同回顾与反思。在课堂学习的基础上，提炼问题，升华问题，整合问题，能够加深认识，综合应用所学知识和方法，帮助学生更好地完成知识的内化。

这样的课堂教学过程，起始于问题，展开于问题，落实于问题。从引问到解问，充分调动学生积极参与课堂教学进程。教师课堂教学观念的提升，课堂授课方式的改进，提供了设问转化为引问的重要契机，是良好的课堂教学和学习效果的保证。

【案例】

“分子动理论”与“摩尔”的学习。

〖课前预习问题〗

①计量微观粒子的个数，以“个”为单位计量可以吗？为什么还要引入“mol”这个新单位？

②“物质的量”是物质的数量或物质的质量吗？

③阿伏加德罗常数是如何规定的？6.02×10^{23}是一个精确的数值吗？

〖课堂教学问题〗

①物质的量、摩尔、阿伏加德罗常数之间的关系是怎样的？

②应用“摩尔”这个新的物理量时需注意的事项有哪些？

③阿伏加德罗常数与6.02×10^{23}的关系是怎样的？

〖课后巩固问题〗

①描述微观粒子的个数，常用什么为单位来计量？它们之间如何换算？

②已知微观粒子的个数与阿伏加德罗常数，如何计算物质的量？计算式可以做出哪些变形？

我们常说“教无定法”，在高中物理的课堂教学中，教师应灵活运用多种教学方法和方式。以问题为核心的“分子动理论”各个教学环节，为学生发现问题，提出问题，解决问题提供了时间和机会。在学习过程中，要让学生更多地表达自我，强化“问题”的作用。通过这样的课堂授课方式，更多地实现引问。

3.解决问题的方式改变

在高中物理课堂教学中，由设问转化为引问，解决问题的方式也需要加以改变。解决已有问题时，往往又会产生新的问题，这也是引问的重要时机。很多时候，教师因为教学进度的压力，“舍不得”给学生更多的时间来解决问题。在课堂授课中，往往因为急于得到答案，推动课堂教学进程，以教师的讲解代替了学生的思考。这样看似花较少的时间，解决了更多的问题，课堂教学效率更高些；但是在这样解决问题的过程中，学生的参与度较低，思考程度欠缺，因为给予他们自主思考的时间和机会太少。对学生而言，仅仅是通过教师解决问题，他们在这个过程中所学到的方法，所形成的思路，往往会有欠缺，不利于对知识的真正理解和掌握。事实上，教师可以运用以问题解决问题的方法，在求解过程中，实现更多的引问。学习的主体是学生，教师的课堂教学必须体现出对学生的尊重和信任，该“放手”时须“放手”。只有真正地让学生面对问题，接受学习任务，学生才能充分地表现出他们的创造性，才能主动获取知识并进行“深加工”。用问题引出更多的问题，不断地解决问题，这个过程中获得的思想、方法和能力，迁移到学生以后的学习、实践中，才能使学生真正地成长和进步。这样在解决问题中不断学习的过程，才对学生具有更多的价值。

【案例】

定值电阻在电学实验中的作用。

〖问题引出〗

在电学实验中，若给出一个定值电阻或电阻箱，你知道其用途一般有以下两种：

①在测量电源的电动势和内阻的实验中，可以把定值电阻或电阻箱当作等效电源的一部分，这样做的目的是什么？

②利用定值电阻或电阻箱，可以对小量程的电表进行改装，即改装为大量程的电压表或电流表。那么，如何进行改装？

请大家运用所学物理知识，对于定值电阻在电学实验中的作用提出自己所能想到的问题。

〖教师备用问题〗

①把定值电阻或电阻箱接入电路中可以起到保护电路的作用。那么，遇到哪种情况就要想到这种方法？

②多个定值电阻可以起到电阻箱的作用，那么遇到哪种情况就要想到这种方法？

综上所述，我们能够看到，在电学实验中，如果所提供的实验器材含有定值电阻或电阻箱，就说明该定值电阻或电阻箱极有可能是有用的。定值电阻或电阻箱在电学实验中“扮演”着各种各样的角色，经常会灵活地出现在电学实验题中，只有学生善于分析和总结，这种问题才能迎刃而解。

在以上问题的解决过程中，教师并不是直接给出问题的答案，而是让学生找思路、找问题，通过问题来引出问题。在提出问题、解决疑问中，学生要认真思考，付出努力。学生的问题，可以帮助教师了解学情，而教师提出的问题，又可以引导学生找出研究思考的方向和内容。在这样的课堂引问学习中，学生能得到更多的锻炼和培养，在思路和方法方面收获才能更多。

【案例】

传感器相关的实验。

〖问题引出〗

传感器是现代科技和生活中常用的一种检测装置，它能感受到被测物理量的信息，并能将其感受到的信息按一定的物理规律变换成为电信号或者其他所需形式的信息而输出，以满足所需信息的传输、处理、存储、显示、记录和控制等要求，它是实现自动检测和自动控制的首要环节。传感器的存在和发展，让物体有了“触觉”“味觉”和“嗅觉”等感官，让物体慢慢变得活了起来，在当今社会，传感器的应用将越来越广泛，越来越重要。

①传感器为什么能把感受到的被测物理量按一定的物理规律变换成为电信号？

②通常根据传感器的基本感知功能，将传感器可以分为常见的热敏元件、光敏元件、力敏元件等。那么，还有哪些类型的传感器？

以上问题的设置，尽管大部分学生可能不是特别清楚，但可以作为课前预习知识，提前布置给学生，学生可以通过网上查阅得出答案。

〖教师备用问题〗

①热敏传感器是将感知到的温度这个物理量转换成便于测量的电信号（一般是电流或电压）的转换器件，测量出电信号的大小，就可以间接知道哪个物理量的高低，从而实现对它的自动控制？请你设计一个最简单的这种控制电路。

②光敏电阻传感器就是通过把光强度的变化按照一定规律转换成电信号（一般是电流或电压）的转换器件，测量出电信号的大小就可以间接知道哪个物理量的强弱，从而实现对它的自动控制？请你设计一个最简单的这种控制电路。

在以上问题的解决过程中，教师并没有直接给出所对应问题的答案，而是让学生自己找问题、找方法，通过一个问题来引出另一个问题。在提出问题和解决疑问的过程中，学生必须认真思考，并且付出一定的努力。一方面，学生提出的问题，帮助教师了解学情，及时调节教学策略；另一方面，教师提出的问题，又可以引导学生找出研究思考的方向和内容。在这样的课堂引问学习中，学生能够得到更多动手、动脑的机会，也会收获更多的解决问题的思路和方法，使其综合素质得到提高。

二、对学生问题意识的培养

在高中物理的课堂教学和学习中，有时学生会出现“似懂非懂”的状况。他们常抱怨说：“我上课明明听懂了，但是平时一做题又总是不会，一考试总是出错。”这是因为学生对所学知识没有真正理解。如果在学习的过程中，学生只是被动地听，机械地记，在知识的应用方面就会存在更大困难。要改变这种状况，更多地变设问为引问，就是一种很好的教学思路和方法。要顺利地实现引问，加强对学生问题意识的培养是很重要的。学生在学习的过程中如果缺乏问题意识，学习就会浮于表面，不能去主动探究，不能去深入学习，对知识的理解不够透彻，掌握不够扎实，理解能力和知识应用能力等不能很好地得到提高，就会出现“似懂非懂”的状况，从而使学生独立解决问题的能力得不到较快的提高。

1.激发学生的好奇心，培养学生的问题意识

好奇心是学生学习过程中必不可少的，学生对所要学习的内容有了好奇心，才会产生求知欲，才会通过学习不断进步和成长。在好奇心的作用下，学生会在学习中更多地探究“为什么”，问题意识就会得到逐步的培养和加强。所以在课堂教学中，教师要重视对学生好奇心的激发和保护，让学生的好奇心在学习中发挥更大的作用，实现学习过程中产生更多的引问。

在高中物理的教学过程中，教师要充分了解和利用物理这门学科的特点，即物理知识以变化多端、丰富有趣的实验为基础，与生活实际息息相关，环境保护、日常生活中的衣食住行等都离不开物理知识；与科学技术的发展进步密切相关，宇宙飞船的升空，航海技术的进步，都要用到物理知识。因此，教师要用丰富的学习资源激发学生学习的好奇心，激发学生学习的求知欲，培养学生学习的问题意识。在高中物理课堂教学中，教师要充分地挖掘教学资源，整合课程资源，全面而广泛地激发学生在学习中的好奇心，引出更多有利于课堂教学和学习的问题。

【案例】

在学习“宇宙航行”的知识时，以“天宫1号”飞行器为背景，提出问题：

“天宫1号”在太空中正常飞行时，在飞行器内的宇航员处于失重状态还是超重状态？他们的一天一夜也是24小时吗？他们也是“躺着”睡觉吗？要明白这些问题，就要

用到我们将要学习的“宇宙航行”的知识。

这些问题，极大地激发了学生的好奇心和学习热情，他们在认真学习了“宇宙航行”的相关知识之后，顺利解答了问题。在这节课的学习中，学生不仅知道了太空中的一切物体都处于完全失重状态，而且也掌握了相关内容。例如，由于“天宫1号”公转周期和地球自转周期的不同，所以地球上的“一天”相当于“天上”的十几天等奇特现象。在整个学习的过程中，学生始终兴趣盎然。

学生在学习中的好奇心，也会促使他们自己提出问题，寻求问题的答案。此时，教师须有耐心，要能细心地引导学生，带着他们去分析问题，解决问题。千万不能因为课时紧张、高考不考等原因，忽视学生提出的问题，随意应付学生提出的问题，挫伤他们探究问题的热情和积极性。

【案例】

关于“神舟飞船与天宫号对接”的规律分析中，有学生提出这样一个问题：在相同的条件下，是神舟飞船加速后与在轨的天宫号对接，还是天宫号加速后与在轨的神舟飞船去对接呢？

这是个非常好的问题，教师在充分肯定这位同学认真严谨的学习态度之后，以他的问题为基础，进行如下设问：

①神舟飞船的主要功能是什么？天宫号的主要功能是什么？

②从理论角度来说，飞行器的对接有两种方式：一种是处在高轨道的飞行器通过减速后与处在低轨道的飞行器实现对接；一种是处在低轨道的飞行器通过加速后与处在高轨道的飞行器实现对接。请运用所学的物理知识分析，国防科技中飞行器实际的对接是哪种情况？为什么？

经过以上问题的分析，学生的疑问得到了很好的解答；同时，也让学生充分地认识到分析问题要全面，要从多个角度思考，而不能只是针对其中的某一点片面考虑。在课堂授课过程中，学生能够提出问题，是好奇心在起一定的作用，也是学生认真思考的体现。教师认真对待学生所提出的问题，才能保持学生在学习中的好奇心和求知欲，学生的问题意识才能得到延续和强化。

2.课堂授课过程中凸显问题的重要性

要加强对学生问题意识的培养，教师首先要有很强的问题意识。在课堂授课过程中，教师必须要有很强的问题呈现意识，要能将学生学习新知识的过程转化为问题解决的过程。在课堂教学中，凸显问题的重要性，让问题的呈现，问题的解决，问题的反思与回顾贯穿于整个课堂教学过程中。这样的学习过程会让学生逐步认识和体会到：在学习中，

先要学会发现问题，提出问题，还要掌握解决问题的基本方法和思路，更要学会通过对问题的反思和解决，加深对所学知识的了解。通过这样的课堂教学，不断增强学生的问题意识，能够在课堂教学中实现更多的引问。

【案例】

关于在电学设计类实验或改编类实验中，我们经常用到对所给的电表进行替代和改装的学习。

〖教师呈现的问题〗

设计性实验或改编类实验，通常是将课本上的实验做适当的变化、创新和迁移。而试题的“创新”点主要体现在以下几个方面：改变实验探究的条件，改变实验探究的结论，改变实验探究的思路，改变实验考查的方法。那么，在实际的实验中，对所给的电表有哪些常见的替代和改装？

〖逐步解决的问题〗

①内阻已知的电压表，相当于一个小量程的电流表，为什么？若一个电压表的量程为3 V，其内阻为3 kΩ，则作为电流表，其量程是多少？

②内阻已知的电流表，则相当于一个小量程的电压表，为什么？若一个电流表的量程为0.6 A，其内阻为100 Ω，则作为电压表，其量程是多少？

③灵敏电流计（表头）串联一个定值电阻（大电阻），就可以改装成一个大量程的电压表还是电流表？为什么？

④灵敏电流计（表头）并联一个定值电阻（小电阻），就可以改装成一个大量程的电流表还是电压表？为什么？

⑤电阻箱与电流表串联在一起，就相当于一个电压表，即用通过电流表的电流乘以电阻箱的有效电阻和电流表内阻之和，就可以表示它们两端的总电压。为什么？

〖反思的问题〗

通过以上一系列由浅到深、由易到难的问题，贯穿了这节课整个的学习过程。这些问题的提出和解决，能够帮助学生抓住学习的重点，厘清所学知识的脉络，使本来复杂的学习内容能够条理清晰地呈现给学生，易于学生及时掌握。在高中物理的学习中，对于复杂、困难的学习内容，教师都可以将其如上述案例一样，逐步逐层地转化为问题。通过一个一个问题的解决，可以使教师的课堂教学和学生学习的任务顺利完成。教师的课堂教学方法，主导着学生的学习方法，通过这样的课堂授课方式，学生的问题意识就会逐步得到培养和强化。

3.教给学生找出问题的方法

学生问题意识的增强，表现为他们在学习过程中能主动地找出问题或提出问题。在课堂教学中，教师要重视教给学生找出问题的方法，即围绕所要完成的学习目标，确定需要完成的学习任务。在这些学习任务中，学生感觉困难的学习内容将逐一表述为问题，这样找出了问题，厘清了学习的思路。在后续的学习中，“教”和“学”的核心任务，就是围绕所找出的问题，进行逐个分析、讨论和探究。

【案例】

关于“人造卫星”的学习。

〖教学过程〗

引导学生找出需要分析、解决的问题：

①什么是人造卫星？最早提出人造卫星梦想的科学家是谁？

②人造卫星绕地球运动的轨道是怎样的？这些轨道有何共同的特点？地球处在轨道的哪个位置？理论依据是什么？

③同一颗人造卫星，若从近地点向远地点运动，其线速度如何变化？理论依据是什么？

④不同的人造卫星，它们之间有联系吗？理论依据是什么？

⑤以上问题的提出和问题的解决，实际上就是哪个重要的定律所讲述的内容？

⑥人造卫星绕地球沿圆周或椭圆运动，为何不会由于惯性而离开地球？

⑦人造卫星绕地球运动时，会受到指向地球的万有引力，既然受到此引力，为何又不会落到地球上呢？

⑧若人造卫星绕地球做匀速圆周运动，那么，其公转的线速度、角速度、向心加速度和周期等物理量跟轨道半径有何关系？这些关系式是这些物理量的决定式还是定义式？

⑨人造卫星做匀速圆周运动的最大环绕速度是多少？

⑩什么是地球的第一宇宙速度？为何它是卫星的最小发射速度？

在以上的课堂教学中，通过教师的引导，引发学生的问题，需要学生自己逐步找出学习过程中需要弄清楚的问题。这样的学习，学生能体会到高中物理学习中找问题的方法和策略，即从达到学习目标所要用到的知识点找问题，从达到学习目标所需的基本方法找问题，从达到学习目标所需分析的物理规律找问题……在学习中，学生要不断回顾和运用学过的知识和方法，从而达到“温故知新”的效果。这样的学习过程，使学生充分认识和体会到找出问题并解决问题的重要性，不断取得学习的进步，找到学习的乐趣，既强化了学生的问题意识，也增强了学生的学习动力。

4.提高学生表述问题的能力

在高中物理的课堂教学实践中，教师常常感到学生在表述能力方面的欠缺。这种欠缺经常会表现在课堂教学中，例如，陈述问题时不流畅，词不达意，条理不清；回答问题时，磨磨叽叽，结结巴巴，针对性不强，不能抓住问题的核心和要点，不能很快地说清楚问题。这样经常要在一个简单问题上花很长时间，严重影响了课堂教学和学生学习的效率。因此，为了培养学生的问题意识，教师不仅要教给学生找出问题的方法和思路，还要教会学生准确、清晰地表达问题。表述问题的过程，实际上是学生厘清思路的过程。在这个过程中，学生一方面对问题更加明确，另一方面要进行认真、深入的思考，不断发现新问题，逐步促进对知识的理解。

为了提高学生表述问题的能力，其一，教师可以帮助学生对问题进行初步分类。例如，把问题分为“是什么”“为什么”“怎么做”等类型。其二，教师指导学生分步提出不同类别的问题，可以先说“是什么”的问题，再说“为什么”的问题，接着是“怎么做”的问题。其三，教师给学生强调应准确表述物理问题，要规范使用一些专业术语。例如，“牛顿运动第二定律”不可以称为“牛二定律”，或“牛顿运动第三定律”不可以称为“牛三定律”等。这样层次清楚地表述出问题，能够很好地锻炼学生的思维能力。特别是在分类表述问题时，往往能帮助学生发现更多、更深入的问题，对知识的学习是非常有利的。

【案例】

关于“重力”的学习，主要以重力的三要素为中心开展学习。

〖基础设问〗

①重力是如何产生的？其施力物体是谁？

②重力的大小取决于哪些因素？其中物体的质量会随其位置、形状、状态的改变而改变吗？重力加速度的大小取决于哪些因素？

③重力的方向如何？重力的方向一定与地面垂直吗？

④什么是重心？它一定在物体上吗？为何说重心是一种理想化的模型？

〖引申设问〗

①物体所受到的重力就是地球对物体的万有引力？它们之间是什么关系？

②在地球表面上，物体所受重力的大小随纬度的升高而如何变化？为什么？在地球的同一位置，物体所受重力的大小随高度的升高而如何变化？为什么？

③物体所受万有引力的方向一定指向地心吗？为什么？物体所受重力的方向也一定指向地心吗？为什么？

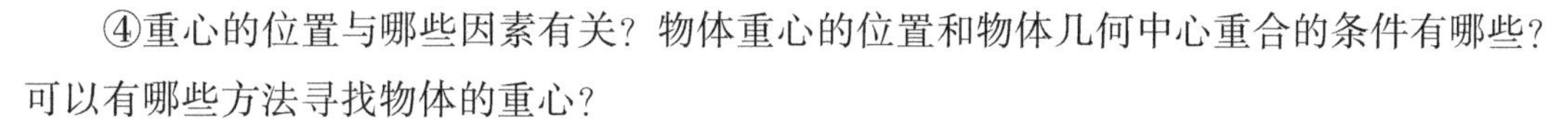

④重心的位置与哪些因素有关？物体重心的位置和物体几何中心重合的条件有哪些？可以有哪些方法寻找物体的重心？

〖扩展设问〗

①若不考虑地球的自转，则放在地球上的物体所受到的重力和万有引力有何关系？为什么？若考虑地球的自转，则放在地球上的物体所受到的重力和万有引力又有何关系？为什么？

②若人造卫星在空中绕地球运动，则卫星所受到的重力和万有引力有何关系？为什么？

以上逐步深入和扩展的设问，可采用教师引导，学生陈述问题，然后师生共同讨论解决问题的方式进行。在这样的学习过程中，加强了学生探究问题，发现问题的意识，锻炼了学生表述问题的能力；同时，学生可以对所学的知识内容进行全面的整合，能较为深刻地理解和掌握所学知识。

5.学生解决问题能力的培养和加强

在高中物理的课堂教学中，由于所要学习的内容丰富、复杂，教师的教学任务繁重，教学时间紧张。很多时候，教师急于推动课堂教学的进程，往往在提出问题之后，出现自问自答的情况，有意无意地代替了学生的思考。这种情况对于强化学生的问题意识，培养学生解决问题的方法，提高学生解决问题的能力，促进学生在学习中能有更多的引问都是不利的。在课堂教学中，作为教师要有把握教学节奏的能力，要有体现学生学习主体地位的意识，乐于把问题交给学生，善于让学生积极主动地学习。经常听到学生这样说：“我上课明明听懂了，可遇到问题还是不会，不知道是咋回事？”对于这种情况的出现，教师应有正确的认识，才能很好地帮助学生走出学习的困境。就像人们学游泳一样，如果没有自身在水中的反复练习、体会、学习，即使把游泳的方法记得滚瓜烂熟，也是永远学不会游泳的。学生之所以出现以上所说的情况，最主要的原因是他们缺乏应用知识的机会和实践的检验，缺少运用知识的能力。所以在课堂教学中，教师必须提供给学生足够的思考时间，提供给学生自主分析问题、解决问题的机会。在引导学生自主解决问题的过程中，教师可以教给学生联系、对比、推理等基本的方法和途径。要对学生耐心培养，在逐步积累、发展的过程中，学生通过对所学知识的应用与实践，才能慢慢地领悟方法，能力才会逐步加强和完善；同时，在自主解决问题的学习过程中，要重视对新问题的引发。总之，教师在课堂教学中，要关注对学生解决问题能力的培养和加强，引导学生通过发现问题，提出问题，思考问题，解决问题进行学习，这样不仅有利于实现引问，还能不断加强学生的问题意识，不断提高学生的思维能力和知识的应用能力。

【案例】

“探究单摆的振动周期”学习方法的思考和设计。

〖分析〗

探究单摆的振动周期T是高中物理学习中的一个重要实验。在关于探究单摆的振动周期T的学习中，一方面，要求学生知道实验的目标、实验的原理、实验的步骤等；另一方面，学生还要理解单摆的振动周期T与我们的生活实际的关联。例如，摆钟的工作原理是什么？如何利用单摆振动周期公式，测量当地的重力加速度？因为教师所设计的问题与生活密切联系，所以学生对于探究单摆振动周期T的相关知识的学习还是很有兴趣的。但是探究单摆的振动周期T所涉及的知识很多，学习中有难点问题，还有学生易错的知识点。例如，既然单摆的振动周期T与偏角无关，但为何偏角很小时，单摆才可以看成做简谐运动？按照生活经验，摆球的质量m越大，其下落时所受到的重力越大，则单摆振动周期T应该越小，而实际上，单摆的振动周期T与摆球的质量m无任何关系，为什么？

关于探究单摆的振动周期的学习是高中物理实验中的难点和重点。教师必须精心设计实验的课堂教学过程，利用对探究单摆的振动周期的学习，让学生体会解决问题的思路和方法。在课堂教学中，通过问题将这些方法展示出来，不断引发学生思考问题，启发学生逐步深入学习。

〖联系设问〗

①如何利用一根金属线和中心有小孔的金属小球，做成一个实验所需的单摆？摆线为何要选择金属线而不是棉线、橡皮筋呢？摆球为何选择金属球而不是塑料球呢？

②本实验要用到两个测量长度的仪器，即毫米刻度尺和游标卡尺，那么它们的用途分别是什么？其中，摆线的长度是哪一部分？摆长是哪一部分的长度？若用毫米刻度尺测出摆线的总长度为L，用游标卡尺测量出摆球的直径为R，则单摆的摆长为多少？

〖引申设问〗

①在组装实验装置的过程中，要把细线的上端用铁夹固定在铁架台上，把铁架台放在实验桌边，为何要将铁夹伸到桌面以外？要让摆球自然下垂，为何在单摆平衡位置处做个标记？此标记的作用是什么？

②把摆球从平衡位置处拉开一个很小的角度（一般不超过5°），为何要静止释放金属小球，让其在竖直平面内来回摆动？若给小球一个初速度，则会出现什么情况？待摆动平稳后，为何要测出摆球完成30～50次全振动所用的总时间，而不是测出摆球完成1次

全振动所用的时间?

〖对比设问〗

为何摆线的质量要轻?它是相对谁的质量而言的?为何摆线的弹性要小，即在来回摆动的过程中其伸长量近似不变?为何要选用体积小、密度大的小球作为摆球（一般选择铅球）呢?

〖扩展设问〗

①测量单摆振动周期的常用方法有两种，你知道是哪两种吗?

②为什么要从摆球经过平衡位置时开始计时，而不是摆球到达最高点时开始计时?若摆球经过平衡位置时开始计时，且在数“0”的同时按下秒表，以后每当摆球通过平衡位置时计数1次吗?为什么?

〖推理设问〗

①本实验中，最后对实验数据的处理一般有两种方法：一种是利用单摆振动周期公式，代入相关数据，计算出当地重力加速度；另一种是采用图像法来处理数据。若用纵轴表示单摆的摆长L，用横轴表示振动周期T^2，将实验所得的数据在坐标平面上标出，应该得到一条倾斜的直线，其中，这条直线斜率的物理含义是什么?如何利用所描绘的图像求出当地的重力加速度?用图像法处理实验数据，这是在众多的实验中经常被采用的、科学的、重要的方法。

②为什么单摆的悬点不固定，摆球、摆线不符合实验要求，振动是圆锥摆而不是在同一竖直平面内的简谐振动等都会造成实验的系统误差?

③本实验的偶然误差主要来自对单摆振动的时间测量。因此，要从摆球通过平衡位置时开始计时，不能多计或漏计全振动次数等。若某同学在实验中，误将全振动的50次当做49次来计算，则他所求出的重力加速度比当地的实际重力加速度偏大还是偏小?为什么?

以上过程分别用联系、对比、推理等方法学习探究单摆的振动周期的实验，很好地实现了课堂教学过程中的“引问”。从高中物理实验的多个角度（实验的目标，实验的器材，实验的原理，实验的步骤，实验数据的处理和实验的误差等方面）设置问题，引申问题，扩展问题，学习和了解探究单摆的振动周期。在学习中，既注重教师对问题的设置，又重视引发学生思考和提出的问题，师生互动、分析、讨论，共同解决问题。在学习中，让学生体会新旧知识联系的重要性，感悟对同一类实验既要寻求相似点，又要找出不同点，对比学习方法，认识学习中发现问题的重要性。这样的学习过程，非常有利于学生强化问题意识，提高发现问题和解决问题的能力。

三、建立学生问题库

学生在高中物理的学习中，会遇到很多疑难问题，包括对概念的理解，对规律的把握，对知识的应用，对生产和生活实践中物理现象的认识，对这些现象中包含的物理规律的理解等。怎样通过引问，既能使学生掌握知识，又能使学生运用知识解决问题？怎样能让学生在学习知识的同时，发展学习能力，提高思维品质呢？为了解决这些问题，学生建立自己的问题库不失为一种好方法。

〖建立方法〗

建立学生问题库是一个逐步积累的过程。在平时的学习中，每一位学生对每一部分的学习内容，针对预习、课堂听讲、课后反思和交流等各个学习阶段，从自己的实际情况出发，找出相应的需要解决的问题，并且记录下来。在学习过程中，学生逐一将这些问题理解清楚，及时回顾，逐步加深对问题的认识和理解。

〖任务及作用〗

建立学生问题库，让学生的学习从问题开始，运用问题展开，以问题结束。在预习环节，学生要自己找出问题，对所要学习的内容进行初步的了解，为后续的学习打好基础；在课堂听讲部分，学生在教师指导下进行学习，完成教师课堂教学中的设问，同时对自己预习中的疑问进行分析、思考，巩固对新知识的学习；在课后，通过与同学的交流，学生对前面环节中的问题进行反思，进一步思考和理解，从而发现更多的问题，提出更深刻的问题，这是对学习效果的回顾和检验，也是对所学知识的提升。

在日复一日的高中物理学习中，每一位学生都会逐步建立、丰富、完善自己的问题库。带着问题进入学习，运用问题推动学习，思考问题并检验学习，学生学习的主动性会大大增强。在积极探索问题，解决问题之后，学生也能体会到学习过程中成功和进步的喜悦，为他们的学习生活注入更多的活力，让苦学变为乐学，让设问更多地转化为引问。

【案例】

一位同学关于“静电现象的应用”学习的问题库。

（1）预习阶段的问题：

①什么是静电感应现象？导体和绝缘体放在电场中都会出现静电感应现象吗？

②什么是感应电荷？它在导体中某点所产生电场的大小方向与原电场的大小方向有何关系？

③什么是静电平衡状态？达到静电平衡状态的导体有何特点？

④达到静电平衡状态的导体，其净电荷的分布有何特点？

（2）课堂中的问题：

①处于静电平衡状态的导体，其内部电场为何处处为0？

②处于静电平衡状态的导体，其外部表面任何一点的电场一定为0吗？若不为0，其场强方向为何一定与这点的表面垂直呢？

③达到静电平衡状态的导体，为什么整个导体是一个等势体？为什么它的表面是一个等势面？

④为何常把大地选做零电势体？

⑤静电平衡时，导体内部为何没有净电荷，而净电荷只分布在导体外表面？在导体外表面，为何越尖锐的位置电荷密度越大、越凹陷的位置几乎没有电荷？

⑥什么是静电屏蔽？它的理论依据是什么？

（3）课后交流的问题：

①什么是空气的电离？为何带电导体的尖端可以使空气电离？什么是尖端放电现象？

②高层建筑物顶端有一个或几个尖锐的金属棒，并用粗导线与埋在地下的金属板相连，保持与大地的良好接触。它的作用是什么？它的工作原理是什么？

③为何高压导线的表面应该尽量光滑？为什么夜间的高压线周围有时会出现一层绿色光晕？

④实现静电屏蔽一定要用密封的金属容器吗？金属网可以吗？野外高压输电时，为何在三条输电线的上方还有两条与大地相连的导线？

在静电现象的应用学习中，有许多与生活生产相关联的重点和难点知识需要学生深入学习，正确理解，熟练掌握；同时，通过对这部分内容的学习，指导学生发现问题是提高学生思维能力的良好机会和契机。在进行学习的过程中，学生若能够以这些问题为线索，并建立类似的问题库，无论是对新知识的学习，还是对所学知识的应用，都能起到很好的引导和促进学习进程的作用。当然，建立学生的问题库，教师的作用是不可或缺的，没有教师的耐心指导和有效督促，学生或不会做，或半途而废，这样就不会有良好的效果。教师要引导学生认真对待，持之以恒，认识到这种方法对于高中物理学习的重要性。高中物理知识，有基本概念、基本规律和基本实验，所要学习的内容纷繁复杂，坚持学生问题库的积累，对于学生良好学习习惯的培养，学习方法的优化，问题意识的加强，分析能力的提高等，都是极为有利的。

参考文献

[1] 庞国萍.再论问题解决教学 [J].玉林师范学院学报，2002（3）：20-22.

[2] 农江萍，姚源果.数学问题解决研究述评 [J].广西民族学院学报，2002（2）：5-6.

[3] 张理，张焱.问题教学法及其在本科教学中的实施研究 [J].科技信息，2007（23）：25-26.

[4] 郭松涛.“问题探究式”教学实验法 [J].教学研究，2002（6）：5-6.

[5] 伍建华，江世宏.大学教学的现状调查和分析 [J].教育学报，2007，16（3）：36-39.

[6] 孔亚峰，蔡霞.问题驱动下的教学法探讨 [J].高等函授学报，2007，20（2）：62-64.

[7] 戴国仁.如何引导学生发现问题和提出问题 [J].教学通讯，2003（181）：10-12.

[8] 赵海东.“问题探究式”在课堂教学中的尝试 [J].赤峰学院学报，2006，22（1）：2-4.

[9] 张玮琪.如何构建探究性学习的教学模式 [J].教学探索，2007（8）：92-93.

[10] 何伟雄.生物学问题探究式教学模式初探及应用 [J].卫生职业教育，2007，25（19）：82-84.

[11] 肖为胜.论问题式教学中的“问题” [J].大学数学，2003，19（6）：20-22.

[12] 韩立国，李焱.浅谈“问题—探究”式教学 [J].教学参考，2005（10）：10-12.

[13] 朱海霞，朱德全.基于问题的数学课堂教学评价标准 [J].西南大学学报，2007，29（8）：168-171.

[14] 张家琼，沈军.新课程问题式教学评价探析 [J].西南师范大学学报，2005（30）：188-190.